農本主義へのいざない

Une Yutaka
宇根 豊

創森社

はじめに

かつて「自然環境とか、風景とか、生きものなどに目を注ぐのはいいが、それは経済的に余裕がある農家でないと取り組むことはできないのではないか」という批判を受けました。それよりも経済価値を優先すべきだという主張です。

ほんとうにそうでしょうか。貧しい人には、自然や風景や生きものへのまなざしはないのでしょうか。そんなことはありません。貧しかろうと裕福であろうと、自然に引かれていく感性は誰にでもあります。なぜなら人生の土台は決して経済ではなく、自然に働きかける人間の情念だからです。

ところが精神世界・文化は、「経済」の上に咲く花であるという思想に染まっている日本人が多すぎます。資本主義が発達すればするほど、経済こそが人生の土台だと考える見方が優勢になってきたのは事実でしょう。たしかに、子育てや食事や介護まで、商品として提供されていますし、それを買わなければこの近代化社会では競争に負けてしまいそうです。

＊

私は39歳のときに新規参入で、今の在所（福岡県糸島市）で就農しました。それまでは村や百姓仕事を外から見ていました。ところが初めて村の内側から、そして百姓仕事の内から、さらに自分の内から、世の中の様々なことを見るようになりました。この「内からのまなざし」を方法に仕立てたのが「百姓学」でした。『百姓学宣言』（農文協）はそれを全面展開したものです。この本は、その後の展開をさらに一歩進めたものです。

じつはこの本と並行して『農本主義が未来を耕す』（現代書館）を書きました。そこで原理主義としての農本主義を現代的な視点から描きました。ところがその原理主義者が近代化の魔の手から守ろうとした「農の原理」とは何か、と問われるなら、それこそがこの本で記述したものです。ただ、私はこの本を農の「原理の教典」だとは言っていません。原理はずいぶん明らかにしたつもりですが、「教典」などと言ってしまうと、えらそうなものになってしまうのがいやなのです。

本文でも触れますが、ささやかな「消極的な価値」としての「原理」を大切なものとして抱きしめるかどうかは、一人ひとりが決めることです。万人に共有される「教義」や「教典」を目指してはいません。ここにあるのは、私のささやかな消極的な価値の披瀝にすぎません。

＊

私の貧しい暮らしの中で、まなざしを注いで来た生きものたちに、声をかけられるときがあります。なかなかまだまだ彼らの代弁者にはなり得ませんが、大学まで出て外からのまなざしの訓練を受けた百姓として、内からのまなざしである情愛・情念と外からのまなざしである理性・科学を、時には対立させ、時には交差させながら書いてみました。あくまでも私なりの

はじめに

「農の原理」についての物語ですが、やっと紡《つむ》ぐことができました。

若い百姓に話をする機会もよくあるのですが、「農本主義」という言葉を知っている人に会ったことはありません。このようにもう死語に近い言葉を現代に蘇らせようとしたのは、かつて「農の本質・原理」というものを百姓仕事の合間に考え続け、それを踏みにじる社会を変えようとした農本主義者の一途な思いに引かれるからです。

現代社会では、彼らのように農の原理を探し、守ろうとする人間はほとんどいなくなりました。様々な誤解と決めつけの中で、一度は葬り去られた農本主義を再生させるために、入り口を広げ、地ならしをこの本でやろうと思います。

本書と『農本主義が未来を耕す』の出版がきっかけになって、これからいろいろな人の様々な「農の原理」が考察され、表現され、問い直され、農の土台・母体・本質が確かなものになっていくことを願っています。

２０１４年７月

宇根 豊

農本主義へのいざない――もくじ

１ 章

生業とは過去の遺物なのか

古くさいと思われ、忘れ去られようとしている人間の生き方の中にも、決して捨てるわけにはいかない大切なものがあります。この章では、「生業《なりわい》」と呼ばれていたものの見直しをやってみましょう。

足跡の残る田植え後の田んぼ

経済を越えた生業の世界

２０１１年3月11日の東日本大震災と東京電力福島第一原子力発電所の事故は大きな悲しみをもたらしました。その中でも懸命の人生が生きられたことが、遠くにいて支援物資と支援金を送ることしかできなかった私を励ましてくれました。

目の前に放射能で汚染された田んぼがあります。かろうじて人間はそこで仕事ができますが、田植えをして稲刈りしても、米の放射能汚染は基準を超えそうです。さて、こういう場合には、政府や自治体は当然ながら「作付け禁止」にするでしょう。現実に福島県ではそうなっています。もちろん補償はされるそうです。しかし、そこで暮らす百姓は作付けしたいと思うものです。それはどうしてでしょうか。経済的な価値なら補償されるのだから、問題ないのではないでしょうか。

朝日新聞東京本社版２０１１年7月6日夕刊の記事によると、福島第一原発の事故で、市内全域で稲作ができなくなった南相馬市で、風越清孝さんはツバメが飛来したのを見て、「田んぼに泥がなきゃ、巣作んの難しいんでねえか」と家のまわりの田んぼに水を張ったのだそうです。その結果として蛙の鳴き声も聞こえたそうです。

田植えができなかったのは、辛かったでしょう。しかし、ツバメのために水を張るという百姓の生き方は、農そのものではないでしょうか。しかしたぶん、現在の近代的な農業観に染まっている人は、ツバメのために代《しろ》かきするのは、農業ではなく、道楽だと思うでしょう。また近代的な生産のための農業技術しか眼中にない人は、ツバメを育てる農業技術があるなんて思いもしないでしょう。しかし、風越さんの営みは、農の深いところにある生業《なりわい》の精神を引き継いでいるのです。

田んぼに田植えをし、田まわりを続ける仕事は「米の生産」のためだけに営まれるのではありません。村の自然を、生きものを、風景を、自然と人間の共同体を維持するために、いやこれらも「生産」するために行われるのです。私は、これまでの「生産」の定義を勝手に書き換えようとしているように見えるでしょう。しかしそれは本末転倒です。私の方が本来の定義であって、日本の政府や日本の農学の方が、あとから狭く定義したのです。このことはゆっくり説明していきますので、ここでは「えっ、それも農業の内に入るの？」と思ってもらえばいいのです。

この頃では、農業が自然や風景を支えていることを「多面的機能」と呼んでいますが、これも私に言わせれば、難題を避けて通っているのです。「機能」などという言葉を持ち出さずに、これも「農業生産」だと、広い意味での「自給」だと、位置づければいいのです。そうしないと、食べものの経済価値や安全だけで、生産するかどうかを判断してしまい、風越さんのような百姓は異常な人になる可能性があります。

ツバメや蛙の立場から言えば、田植えしてもらわなくては生きていけないのです。百姓や稲という友と、いつも一緒に生きてきたからです。

ここで私が以前に詠んだ駄句を、披露しましょう。

そのために　田を植えさせる　赤とんぼ

百姓は赤とんぼを産卵させ、羽化させることを目的として、田植えという仕事をしているわけではありません。しかし、自分の田植えという仕事が赤とんぼの生にとって不可欠だと気づくなら、まるで赤とんぼが百姓に田植えを要請し、百姓もそれに応えているような関係になっていると言えないこともないでしょう。こういう関係こそが、人間と自然の無意識の関係なのです。この関係こそが、身近な自然を支えてきたのです。誰もこの消極的な関係を言うことがないので、私が句にしたまでのことです。

さて南相馬の風越さんもまた、ツバメを助けることを目的として、田んぼに水を張るという百姓仕事をしました。これは新しい農業技術だと言えないこともありません。新しい農業思想です。米だけでなく、自然の生きもののために意図的に仕事をし、目的を持った技術を行使するのですから、とても新鮮です。政府が何を言おうと田植えをする、そういうことができないニッポンの片隅で、静かに未来の技術を切り開いている百姓がいることに目頭が熱くなります。

注　政府は原子力災害対策特別措置法に基づき、土壌１kg当たり５０００ベクレル以上の放射性セシウムが含まれている水田でのコメの作付けを制限しています。この基準は食品衛生法上の暫定規制値を超えるおそれがある水準だそうです。

じつは「農業とは食べものを生産する産業である」というのは、新しい考え方なのです。たしかに生業から産業へ、農から農業へ、というのが社会の発展と進歩のスタイルでした。しかし風越さんの仕事は、百姓の生業が食べものだけを自給していたのではないことを、じつによく物語っています。生業とは、自分が生きていく世界の環境がいつもそこにあるように無意識に守っていく営みなのです。ということは、生業の世界が失われることによって、何か大切なものを私たちは失ってきたとは言えないでしょうか。

生業として残っている世界

「生業《なりわい》」という言葉は、この頃では滅多に使わなくなりました。それもそのはず、もう昔の生活スタイルだと思われているからです。しかし、私たちの暮らしの中に、生業部分がなくなったわけではありません。ちゃんと残っているのです。

「生業」とは、もともと「五穀の生るように務める業」のことで、つまり農のことでした。したがって、後でくわしく説明しますが、『日本書紀』の中でも「農は天下の大本なり。民の恃《たの》みて生く所なり」の農を「なりわい」と読ませています。やがて分業が進み、貨幣経済が発達してくると、生業は「生活のための仕事」という意味に変化しますが、賃労働ではない稼ぎ、自給的な仕事と暮らしという意味が強くなっていきます。

そこで、生業のイメージを思い浮かべてみましょう。かつてまだ分業が進んでいなかった頃、具体的には近代化が始まった頃、経済成長が本格的になる前と言い換えてもいいのですが、時代としては昭和30年代までを思い浮かべてほしいのです。その頃の在所で生きていくための暮らし方と仕事の仕方が、生業の姿です。そうは言っても、若い人にはピンと来ないでしょう。貧しくて、不便で、仕事がきつかった三重苦の時代でしょう、と言われたこともありました。

できるだけ自前で暮らしの糧《かて》を生み出していた頃のことです。自分でできないことは村の中で済ませていました。それでも不可能なことだけを、村の外に依存していた時代の百姓の生き方を生業と呼んでいいでしょう。

さて自前で手にしていたものは、まず食べものを想像するでしょう。しかし、食べものだけでは生きていけません。住む家も着る服も、水も不可欠です。したがって、百姓は農業だけでなく、織物を織り、大工や土方もやっていました。もちろん、織物の糸を染めてくれる染め屋や農具をつくってくれる鍛冶屋は村の中で専門の家がありましたが、その家だって農業もしていたものです。つまり、今の言葉で言えば「兼業」の暮らしが生業です。できるだけ多くの仕事をこなす方が、自前で生きていくためには当然だったからです。自前でできないことだけが「分業」されていたのです。

たとえば現在でも、田んぼの畦が崩れたときには、自分で石垣を積みますし、家が雨漏りするときは、自前で瓦を葺き替えています。しかし、もう綿を栽培し、糸に紡ぎ、染めて、織って、仕立てる百姓はほとんどいなくなりました。分業が進んだからです。そしてその分業は、日本という国境を越えて、外国に及び「国際分業」が普通になろうとしています。分業の最も進んだ状態が海外との貿易なのです。しかし、なぜ分業しなければならなかったのでしょうか。分業があたりまえになった現在では、このように考えることはありませんが、じつは分業したくないという抵抗は未だに続いています。

分業と言えば、体裁もいいのですが、要するに買って調達するということでしょう。それは「買った方が、楽で、安くて、簡単だから」という状況が生まれたからです。現在では圧倒的にサラリーマンが多いのは、買って食べる方が進歩した社会の姿だということを証明しています。なぜ、それが進歩だと思うようになったのでしょうか。ここが最も重要で、しかも一番難しい問題です。この気持ち・価値観・思想こそが、農と自然環境を破壊してきた原因だったのですから、しっかり突きとめないといけないのですが、それはそんなに簡単ではありません。

次第に、この本を通してはっきりしていくでしょう。

産業化された世界

たぶん現在の日本人のほとんどは分業することはいいことだと考えているでしょう。分業しなかったなら、産業はこんなに発達しなかったからです。昭和30年（１９５５年）には百姓は１９３２万人で全国民の21％でした。それが平成22年（２０１０年）には、４５３万人で約４％です。これだけ百姓の数が減ったのは、百姓が急速に農業から足を洗って、他産業に仕事を転換したからです。そうしなければ、誰が新たな産業を担ったでしょうか。これを「近代化」「経済成長」と呼びます。資本主義の発展と言ってもいいでしょう。日本の経済的な発展の原因は、分業の発達ですが、それも農業から労働力を農外へ移すことができたから成功したのです。

当然ながら、農業が少ない労力でやれなければ、農外へ分けられるほどの労働力が余るはずがありません。農業の中も分業が進められたのです。昭和30年には田んぼの草取りに30時間／10ａ《アール》かかっていましたが、昭和50年（１９７５年）では３時間です。これは主に除草剤の力で実現できた成果です。この結果、労力が「余った」のです。このように農業の近代化を進めたので、農村から労働力を工業地帯へ供給できたのです。

除草剤を使う技術が分業だとわかりますか。たしかに百姓は除草剤を自分で散布していますが、除草剤自体は工場で生産されたもので、百姓は購入せねばなりません。家族で草をとっていた頃には必要がなかったおカネが必要になります。そのおカネを余分に稼ぐためには別の仕事をしなければならなくなります。こうやって、分業は次第に貨幣経済を発達させていきます。農業に「経済」や「経営」が求められるようになります。

さて、そうは言っても、百姓はすんなりと分業（近代化）を受け入れたのではありません。分業への抵抗はまだ続いています。農薬を使わない有機農業は分業の拒否だと言えないこともありません。もう一つ、わかりやすい例を紹介しましょう。小さな田んぼを作付けしている百姓がいます。零細で、生産性が低い、経営的には赤字の稲作経営です。平成22年でも、約2割の農家が50ａ以下の耕作面積ですし、約1割の農家はもっぱら自給のための農業です。（昭和60年までは4割の農家が50ａ未満でした）こういう小規模な農家は早く農業をやめてもらって、その農地を規模の大きい農家に移せば、日本農業ももっと大規模になって強くなるというのが、政府の方針でした。しかし、なぜ日本の百姓は政府の方針にも背を向けて、零細な農業を続けてきたのでしょうか。

たとえば、30ａ（田んぼにすれば6枚ぐらいの）を耕作している百姓がいたとしましょう。たぶん米は買って食べた方が安上がりでしょう。「たしかにそうだな。こんな狭い田んぼを耕作し続けるのは、時代遅れだな」と言って、放棄したらどうなるでしょうか。

まずその家族は、①「わが家でとれたごはん」を食べる喜びを失うでしょう。「今年もよくできたね」と言って会話を交わすこともなくなり、田んぼの手入れが話題になることも減っていくでしょう。つまり、②田んぼの仕事をする喜びも、苦労もなくなるでしょう。爺さんが毎日田まわりする時間も、子どもが田んぼやその水路で遊ぶこともなくなるでしょう。③それは田んぼに代表される在所の自然との関係が希薄になるということでもあります。

次に村の人々にとってはどうでしょうか。④その田んぼの下流の田んぼの人は、水路の手入れをする仲間が減って、少ない人数で田んぼを潤す水路を守らなくてはならなくなります。⑤田植えされていない田んぼが荒れてくると、不安な気持ちになります。田仕事をしていても、何か心の底から楽しめなくなります。⑥落ち着いた佇《たたず》まいを見せていた村の風景も、徐々に殺伐とした雰囲気に変化し始めます。

さらに、放棄された田んぼの中の変化に着目してみましょう。⑦田植えされなくなった田んぼでは、それまでそこにいたほとんどの生きものが、死に絶えていきます。そしてそれまで少なかった生きものが増えていくでしょう。安定していた「生態系」は、変化（遷移）し始めます。この変化には今までの経験では対応できないでしょう。⑧次第に、百姓の目がその田んぼの世界から離れていきます。

たしかに米は買って食べればいいでしょう。しかし、それ以外のものは、買ってくる（他給する）ことはできないものばかりです。これは生業で自給されていた世界が、「他給」に置き換わるだけでなく、他給できない世界が破壊されていくことを意味しています。私はこれこそが、自給の放棄の本質だと思います。分業で失われたのは、自給の豊かな世界でした。

「自給率」はどちらか

ここで私は「自給」という言葉を使ったのですが、農業が生業だった時代には「自給」という言葉は使いませんでした。自給はあたりまえだったし、自給と他給の境界線もはっきりしていませんでした。たとえば、綿を栽培して、糸を紡ぎ、それを近所の染物屋で染めてもらって、自分で機織りして、着物を仕立てて、家族で着用することは、厳密には「染め」の工程を人に頼んでいるので自給とは言えないでしょう。

また、味噌をつくるために、わが家の米を近所の麹屋に持っていって、麹にしてもらって、味噌を仕込むとすると、これも厳密には自給ではなく、すでに分業が入り込んでいます。あるいは米だって、麦だって、精米や製粉はもちろん自分ですれば１００％自給ですが、村の精米所や製粉所に頼めば、厳密には自給ではなくなるでしょう。

しかし、これは村という一つの共同体の中で自給されていたのですから、一体となった世界の中の出来事であり営みだったので、自給とか分業とか区別する必要などなかったのです。ところが、近代化社会では「経済成長」が何よりも重視されます。当然のことながら「外への分業」が進められます。

あるときからこの分業が一線を越え始めるのです。そのときが自給の崩壊の瞬間です。そのときから「自給」という言葉が登場するのです。価値を持った言葉として使われるようになったのです。その「一線」とはいつだったのでしょうか。何だったのでしょうか。

みなさんは不思議に思うでしょうが、日本政府が食料の「自給率」の統計を取り始めたのは、1976年からで、政策目標に自給率の向上を掲げたのは2000年からです。それほど農産物の輸入が増えて、国内の自給が激減してしまったのです。そこで、奇妙なことに気づきませんか。かつての自給は「自給率」などで計るものではなかったのに、現在の自給はすぐに「自給率」で表現します。国の場合はカロリーベースで40%、生産額ベースで70%だと表現されていて、「低すぎる」という意見が国民の多数派を占めています。そこで、質問します。あなたの家庭（一人暮らしでもかまいませんが）の食卓の食料自給率はどれくらいでしょうか。こう質問すると、百姓からはすぐに疑問が出されます。「この場合の自給とは、国内生産のことを指しているのか、自家生産のことを指しているか」という疑問です。さらに付け加えるなら、私が前に話した村の共同体の中の自給も含むのかどうか、も問題です。

ところが、「自給率」という場合には、すべて「国内生産の割合」しか考えていません。つまり「国」という単位が前提になっているのです。これは、かなりまずいことになります。一つの例を紹介しましょう。政府は麦や大豆の自給率を上げるために、大規模で低コストで、生産性の高い麦や大豆を栽培することを勧めています。そうしないと経営的に採算がとれなくて、栽培する百姓が増えないからです。つまり、小規模の耕作はやめて、大規模な百姓だけが栽培するように主張しているのです。

かつて西日本では田んぼの裏作に麦が栽培されていました。麦秋って知っていますか。5月の麦畑は黄金色に熟れた麦の穂で埋め尽くされ、まるで秋色だから麦秋というのです。6月の初めに麦刈りを終えて、すぐに耕して、代かきをして、田植えに入るのです。ところが安い麦が輸入されるようになって、小麦粉も買った方が安い時代になりました。村の製粉所も潰れ、百姓は麦を全量出荷して、小麦粉は買って食べるようになりました。さらに、小規模の面積の麦作農家は、もうからないのでやめていきました。農家の麦の自給率は下がりました。正確に言うと、小麦粉の自給率が下がったのです。

政府は麦の自給率を上げようとしていますが、個々の農家の小麦粉の自給率を上げようという気持ちは全くありません。ただ国全体の麦や大豆の生産量を増やしたいだけです。このように国の自給率は、生業の自給、村の共同体の中での自給、都会人の食卓の自給とは、遠いところにあります。同じ自給という言葉を使っても、これほどかけ離れた概念も珍しいでしょう。

どうやら「自給」という言葉は、①他人と比較するときに使い始めた、②経済価値を評価す

表　農家の自給率の変化

農家の飲食費に占める
自家消費分の割合（自給率）

年	（自給率）
1955	69%
1960	58
1965	46
1970	35
1975	26
1980	21
1985	19
1989	15
1993	12

るために使い始めた、③国が政策指標として使い始めた、というのが事実のようです。

村の中で「自給」が使われ始めたのは、食料に限られています。たとえば、電気やパンなどは、そもそも村になかったのですから、そのために（自給していた）水車の動力や米の自給が衰えるのではないか、という危機感はありませんでした。服もザルも自前で製作していたのが買うようになっても、すぐに自給の崩壊だとは思いませんでした。それは近代化された、進んだ暮らしのように感じていたのです。

ところが味噌も醤油も野菜も買って食べるようになると、さすがに「自給しないと家計費の支出が増えますよ」と、節約の論理として、「自給」が思想として登場したのです。それは食べものを自給できない消費者と比べて、百姓は自給できるではないかという比較が生まれたからです。そしてその自給を表現するために、自家消費部分の家計費換算が行われました。初めて自給部分が経済価値として表現され始めたのです。しかしこれは「率」よりも「金額」そのものを問題にしたのです。

これに比べて、国家の「自給率」は金銭の総額ではなく、最初から「率」として登場します。これはどうしてでしょうか。表では、「農家の飲食費に占める自家消費分の割合」を便宜的に「自給率」と表示することにします。それにしてもこの表を見ると、農家の自給が急激に崩壊していくさまに驚きます。

「他産業並み」という思想はどこから来たのか

「農」と「農業」とはどう違うのでしょうか。辞書を引いても違いはよくわかりませんが、古くは農業よりも農の方がよく使われていたようです。それが変化して「農業」の方がよく使われるようになったのは、明治時代以降です。現在では圧倒的に「農業」の方がよく使われています。「農」とは生業のイメージを引きずっていて自給の延長のイメージが残っていますが、農業の方はひとまずは自給とは切り離された近代的な響きがするのは、そのためでしょう。

どうやら、農は生業、農業は産業という定義がすっきりします。さらにきっぱりと言ってしまうと、農業は農のうちのカネになる部分だけを指しているような印象です。一方の農はカネになろうとなるまいと営まれる生業だと言えるでしょう。これを私は次のようにたとえています。池にボートが浮いているとします。このボートを農業とします。ボートを含めて池全体が農ではないでしょうか。

ところが現在では池が干上がりそうなのに、ボートの性能ばかりを向上させようとしています。池という自然環境がなければ、ボートも水に浮かぶことはできないにもかかわらず、ボートばかりに着目するようになったのは、産業という側面をあまりに重視しすぎたためです。
よく「産業として自立した農業を目指す」という文句が役場の中では使われます。要するに他の産業に従事しているサラリーマン並みの所得を得られる農業になれという意味です。この農業は「他産業並み」になれという要請は、明治時代から言われ始めました。それにしてもなぜ、農業は他産業並みに生産を上げなくてはならなかったのでしょうか。それだけ農業は遅れていると、経済的には、そう見られるようになったのです。あくまでも「経済価値」に着目すればの話ですが、いつのまにか経済で世の中の価値の大半が語られるようになってしまったのです。

図 「農」と「農業」の違い

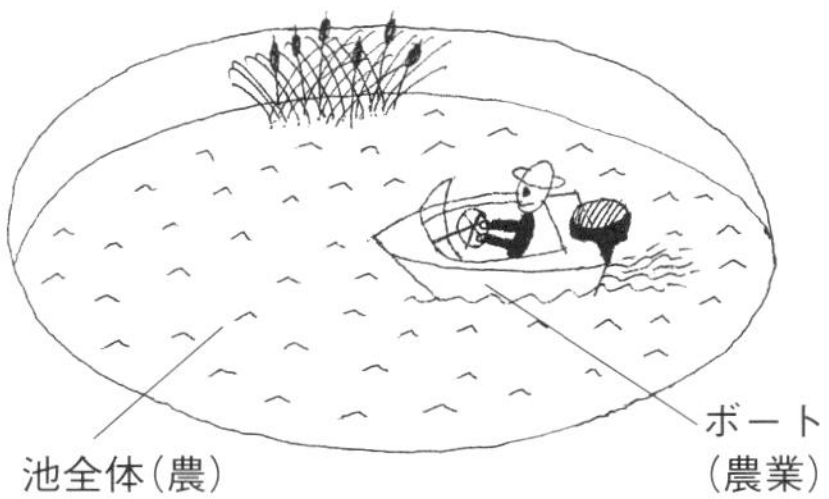

現代日本では、赤トンボやカエルやツバメに経済価値はありません。しかし、赤トンボやカエルやツバメを育てている農は、遅れた営みなのでしょうか。たぶん、そうなのでしょう。経済価値にならないものを大切に抱きしめて生きる生き方は、競争力の低い、経営感覚のない劣った人生なのでしょう。
私はそういう経済至上主義の見方が、現代社会で幅をきかせていることを無視するわけにはいかないと思います。なぜそうなったのかを考えることは誰もしなくなりましたが、大切な問

題です。だからこそ、そうではない見方もあることを豊かに示してみせることが重要なのではないでしょうか。

ここで「生産性」という言葉がなぜ使われるようになったのかを考えてみましょう。生産性には土地生産性と労働生産性があります。今日では土地生産性はほとんど話題になりません。一定の面積あたりの生産物の収穫量よりも、労働時間あたりの生産物の売り上げの方が経済にとっては重要になったからです。面積あたりの収穫量が少なくても、面積を増やせばいいのです。しかも広い面積で少ない労働時間で済ませれば、問題は解決します。

しかし、なぜ「生産性」という尺度を用いなくてはならなくなったのでしょうか。それまでは、労力を惜しまずに、ただひたすら作物をしっかり手入れし、いいものを育てることが百姓にとっては生き甲斐でした。しかし、労力をかけすぎると生産性が落ちるのです。なぜ落ちてはいけないのでしょうか。他産業との競争に負けるからです。なぜ他産業と競争しなくてはならないのでしょうか。国全体の経済を成長させなければならないからです。農業だけがお荷物になってはいけないのです。

それに対して、一人ひとりの人生の生き甲斐を大切にして営まれる生業では、生産性を追求しようとする気持ちが強まりません。なぜなら、他人と競争する必要がないからです。まして国全体の経済に寄与しようとする気持ちはさらさらありません。これでは、時代遅れになっていくのは仕方がないでしょう。しかし、そんなに国全体の経済が大切なのでしょうか。これはとても大切な問題ですが、難しい問題でもあります。なぜなら、国家と個人の関係が問われてくるからです。ナショナルな価値の発生にかかわることです。

私たちは否が応でも日本という国の政策や、日本という国の国力の影響を受けています。国家と無縁に生きていくことはできません。現在の国家とは国民国家のことです。国民国家とは、自然発生的にできたものではなく、近代社会が生み出したものです。それまでは、国よりも、村が大切でした。江戸時代のことを考えるとわかります。当時の百姓は愛着は藩にすら及んでいません。まして日本国という意識はまるでありませんでした。

生きていく規模

人生の規模を考えたことがありますか。たぶんないでしょう。人間の生は大きさではなく、生の実感にあるのですから。ところが政府は平気で農家の目指す規模を提示します。平地の農村では20～30haの規模の経営体を目指せと言っています。まだまだ大きい方がいいと思っているのでしょう。もちろんこの場合の根拠は、経済的にもうかる規模なのでしょう。規模が大きくなると別の深刻な問題を引き起こすことを知らないのでしょうか。

アメリカ合衆国では、農業経営の規模は平均では約２００haです。これほど広くなると、一枚一枚の田畑の作物と対話することは困難です。畦草刈りなどはやっている暇はありません。生きもの調査など論外でしょう。したがってこれでは、楽しみは「経営」「経済」に移行していくでしょう。大豆がもうからないといって、トウモロコシへの転換しようというのも、経営判断だけでできます。農薬散布は、発生予察の会社に委託して判断し、出荷は市場価格を見て投機的に行われています。ここには生業のいいところはほとんど失われています。

畦草刈りしないアメリカの田んぼ（右の薮が畦）

こういう農業をモデルとして、日本でも目指せというのでしょうか。たしかに日本では目標とする規模は小さいのですが、心の底に大規模な経営のへの憧れがあるのではないでしょうか。経済として見るならば、それは当然なことでしょう。生業は人生の生の輝きを抱きしめて生きるスタイルですが、大規模経営は経済の奴隷のように感じます。

経営・経済が生活の土台だと言う人に限って、人生の最も大切な仕事や暮らしそのものの喜びを無視してしまうのはどうしてでしょうか。それが経済や経営の、もともとの性格なのです。経済や経営は、しょせんそういうものだとして見るべきなのです。近年では経営の安定のために、利益だけを求めるのではなく、継続性やゆとりを重視した適正規模の経営が提案されていますが、これを一歩進めて、より小さな経営を求めていくべきではないでしょうか。

農水省が提唱する20から30 haの農業経営では、少なくない農家が昼食の弁当を買うためにコンビニに行列をつくったり、昼食をカップ麺で済ませなくてはならなくなるのです。この目の前の現実を直視しないと、気持ちがアメリカ的な経営を志向してしまうのではないでしょうか。

2 章

食料に価値が特化していく理由

現在では誰もが「農業は食料を生産する産業だ」と思っているでしょう。これは農業が、生業から産業に変化した結果生じた新しい見方なのです。この章では、そのことを考えます。

あたりー面の麦秋

農業の危機

役場や農協の農業関係の会議でのえらい人のあいさつの常套句は「農業をめぐる情勢は厳しい」というものです。たしかに気持ちはわかりますが、また同じことを言ってるな、と私はうんざりします。こういうときの情勢分析は国レベルでの話と直結しています。たとえば、食料自給率が40％を切ったとか、農業の粗生産額が８兆円で、トヨタの半分しかないとか、百姓の数が人口の４％で、この20年間で３分の１になった、耕作放棄地が40万haで滋賀県と同じ面積だ、というようなことです。

たしかに私自身の実感でも、周囲で百姓をする人間がずいぶん減ったなあと思います。去年まで耕されていた田んぼや畑が荒れ放題になっています。農業の売り上げも増えてはいません。この原因が百姓個人の努力不足にあるのではなく、国の政治にあるとも感じています。

じつは、このような他産業（すべてではありませんが）の隆盛に比べて、農業が衰退しているという認識は、最近の話ではありません。明治時代の半ばまでさかのぼるのです。それから一貫して、農業は経済的には衰退してきたと言えるでしょう。しかし、それには理由があったのです。農業よりも優れた産業が、つまり農業よりもカネを生み出す産業が生まれたからです。それが工業です。私は小学校から高校まで、「日本は狭い島国で、資源に恵まれていないから、工業製品を輸出する加工貿易で国を豊かにしていかねばならない」というような考えをしっかり教育されてきました。これは工業立国・貿易立国を正当化するための洗脳だったと思います。

ところが世界地図を広げてみればよくわかりますが、日本はそんなに小さな国ではありません。フランスやスペインやタイよりも狭いですが、ドイツやイタリアやイギリスやベトナムよりも広い国です。また自然環境の豊かさも自慢できるもので、食料だって、かつては立派に自給していたのです。

たしかに農業を中心にしていたのでは、明治期の文明開化を成し遂げ、アジアの先頭を走って、これほどの経済成長は達成できなかったでしょう。そういう意味では工業立国・貿易立国という国の方針は成功したのかもしれません。同時に多くの内需を生み出しもしました。しかしなぜ、工業が発達すると農業は衰退するのでしょうか。なぜ社会を近代化するときには、農業は工業に対して不利になるのか、と言い換えていいでしょう。それは近代化が「経済価値」のあくなき追求にあるからです。農業は、自然のめぐみを引き出すのですから、いくら百姓が働いても、自然のリズムを超えることはできません。

たとえば、どんなに頑張っても、陽の光はどうにもできません。冬に日差しを強くしようと思っても不可能でしょう。乾燥して雨が欲しい日々には、雨乞いするしかありませんが、効果は薄いようです。このように春夏秋冬で季節は変わり、そしてこのリズムはおおよそ毎年変わりません。春にならないと暖かくなりませんし、夏にならないと暑くなりません。またその中で生きる生きものも自然に合わせる方がまともです。したがって稲は種まきから収穫まで最低でも4か月かかります。オタマジャクシは脚が生えるまで孵化してから35日かかるのです。

自然を人間が変えることはできないので、人間だけが労働の効率を上げるしかありません。しかし、人間の労働の効率も自然が相手では、工業みたいに、上がらないのです。これを自然の制約ととらえるか、自然のめぐみととらえるかで、農業観や農業政策は大きく異なります。明治時代以降、日本の農業政策や日本農学はこれを自然の制約だととらえました。

たしかに、制約ととらえるとらえ方が近代的なとらえ方であって、しかも人間中心の経済価値を尺度にした見方であることがわかります。これを自然のめぐみととらえるとどうなるでしょうか。むしろ人間の仕事や暮らしも自然に従うところがなくてはならないという見方を導きます（このことは後でくわしく説明することにします）。じつは明治時代末に生まれた農本主義という思想はこの両方を展開させたものでした。

まず自然を制約ととらえる人々は、「生産性はどうしても工業に劣ってしまうが、工業がどんなことをしても決して生み出せないものを農業は生み出しているんだ。それは食料だ」という論理を生み出しました。これは工業に対抗する論理としては、今でもよく使われています。「食料危機が来れば、農業の大切さがわかるだろう」という言い分は百姓がよく使うものです。

「食料安全保障」と言われている理屈です。つまり経済価値だけでは、人間の命は守れないという主張です。しかし、この論理はすでに相手の、経済の土俵に上がってしまっているのです。「価値」と言い始めたときから、大事なものが見えなくなります。

食料だけは特別のものだという主張は、その食料だって、カネで買えなければ生きていけない、カネさえあれば何とかなる、という言い分に対抗できるでしょうか。対抗できなかったのからこそ、「自給率」はこんなに下がってしまったのではないでしょうか。現代社会では百姓でない人にとっては、食料はカネで買うものです。そのカネを稼ぐための産業は農業以上に大切なものでしょう。「景気が悪くなれば、農業だって、農産物の売れ行きに響いて困るだろう」という主張に反論するのは、簡単ではありません。

現在議論が分かれているＴＰＰ（環太平洋戦略的経済連携協定）に参加するかどうかの議論でも、この問題が解決できないでいます。今までも、これからも、百姓だけでなく、日本人はこの問題に悩まされていくでしょう。ほんとうの解決はどうしたらいいのでしょうか。

私たちにとっては、「農業は食料を生産する産業である」というのは常識になってしまっています。このことを疑うことはありません。しかしこれは新しい考え方だったとすれば、どうでしょうか。近代化が進む中で、工業や商業が発展する中で、相対的に不利な立場に追いやられ、危機を迎えた農業の中からそれを打開するために生まれてきた思想だったと知ればどうでしょうか。農の価値を食料で代表させる一つの戦略だったのに、うまくいかなかったとすれば、その理由を考えればいいではありませんか。

農業が生業だった頃には、食料だけの価値がことさらに重視されることはありませんでした。なぜなら食料を経済価値だけでは見ていなかったからです。食料は経済価値に換算できないものでした。また、食料以外にも農の価値はいっぱいありました。たしかに現代社会では農業にとっては、食料は他のものよりも換金しやすいので、価値が認識しやすいのはわかりますが、それが農業の価値のほとんどを占めるというような考え方はありませんでした。

私は農業の価値が食料に特化していくことが、かえって農業の全体の価値が見えなくなっていく原因になったと考えます。くり返しになりますが、食料の価値もいつの間にか経済価値で見られるようになると、食料がもつ非経済価値と食料以外の経済価値が見えなくなるのです。そこでこの本では、食料以外の価値としての自然の価値に着目するのです。

「農本主義」の伝統

百姓なら「農業は特別な価値がある。他の産業並みに扱ってもらっては困る」という感覚は正当なものだと思われますが、百姓以外の人にとっては「たしかに農業は大切だとは思うが、他の産業だって大切だ。なぜなら私がそれに従事しているから」というのが常識でしょう。したがって百姓は、農業は特別に大切だという論拠を、国民国家の土台だと主張し始めたのです。それも経済だけでなく、国土や文化や精神の源だと主張したのです。この主張が「農本主義」というかつて盛んだった運動の柱でした。

「農は国の本《もと》」という言葉を聞いたことがあるでしょうか。この言葉に農本主義の思想が要約されています。昭和時代の前半にはよく使われた言葉ですが、スローガンですから、案外中身は空虚でした。その理由はいくつか考えられますが、何よりも国家に認めさせたい、国家からお墨付きをいただきたいという気持ちが露骨に出ているところが、時代を反映しています。

当時は政府が工業中心の殖産興業政策をとり、農業は地主がはびこり、農地の半分は「小作地」になってしまっていましたから、あてにならない政府よりも天皇の力で農業を大切にする国にしてほしいという願いが出ていたのです。何しろ天皇は農耕神の神主の性格も持っていましたが、天皇に期待したのは間違いのもとでした。このように一人ひとりの国民によるのではなく、天皇や国家や政府に期待するという体質こそが、農本主義が今日でも蘇生できない理由の一つでしょう。ただこのスローガンは政治運動をする人の中には、しぶとく生き残っていて、政治家がよく利用します。

最近の首相は民主党時代も自民党になっても、「農は国の本」であって農業は「成長産業」になれると吹聴するのが好きなようですが、「国の本」なら、経済価値を追求して「成長産業」にするよりも、もっと大切な扱い方がありそうなものですが、そういう政策は希薄です。

どうやら農業だって、経済成長へ寄与しなければ価値は低いですよ、と言っているのです。農本主義もしょせん経済に取り込まれてしまったように見えます。農本主義が滅びたように見えるのは、戦後の経済成長の論理に対抗できなかったからだと言ってもいいでしょう。

民主党も自民党も、農業政策は相も変わらず規模拡大路線です。平地で20～30ha、中山間地で10～20haの規模の経営体を育成するそうで、それで無理なところは、6次産業化と輸出で補うのだそうです。

さて、私の意見です。このような政党の農業政策を論じていると、つい国家の土俵に上がってしまうのです。まあ、時には上がってもいいでしょうが、こういう土俵で論じられる「日本農業」などは幻想です。国家の「目線」で考えれば妥当なことも、村や町や田畑や自然の中や食卓で感じる世界と相容れないこともあります。たとえば生物多様性の価値や生きものへの情愛などは、この土俵では論じられないのです。つまりもう一つの土俵をつくるしかありません。それは身近な場所にしかできないものです。

かつての「農本主義者」は農の母体は近代化できない、農は根本的に資本主義に合わない、農に経済成長を求めてはいけない、と気づいた数少ない人たちでした。農業を他の産業と同列に扱うのは破廉恥だと考えました。ただ昭和初期は農村恐慌が続き、百姓は貧乏のどん底にあったので、まだ経済に幻想を抱かざるを得なかったので、経済以外の土俵をつくることができませんでした。

「農は国の本」という意味は経済価値ではない世界の大切さを表現しているのですが、それを主張する新しい農本主義者が現れてほしいと思います。新しい農本主義は経済を軽々と超え、国家よりも地域を大切にする人たちによって担われるでしょう。なぜなら「カネに換えられない自然のめぐみ」こそが農の価値として、理論化できるからです。地域のタカラモノであり、ナショナルな価値の土台だからです。

「農は国の本」という言葉をたどる

ところで「農は国の本」という言葉の原典を探してみましょう。日本での初出はとても古く『日本書紀』の巻第五（崇神天皇）に次のような文章があります。

六十二年の秋七月の乙卯《いつばう》の朔《つきたち》にして丙辰《へいしん》に、詔《みことのり》して曰《のたま》はく、「農《なりはひ》は天下《あめのした》の大本《おほきなるもと》なり。民《おほみたから》の恃《たの》みて生《い》く所《ところ》なり。今《いま》し河内《かふちのくに》の狭山《さやま》の埴田《はにた》水少《みづすくな》し。是《ここ》を以《も》ちて。其《そ》の国の百姓《おほみたから》、農《なりはひ》の事《わざ》に怠《おこた》る。其《そ》れ多《さは》に池《いけ》・溝《うなて》を開《ほ》りて、民《おほみたから》の業《なりはひ》を寛《ひろ》めよ」とのたまふ。

（新編日本古典文学全集第2巻『日本書紀1』小学館、２００６年）

この「農は天下の大本なり」が、古来よく引用されるところですが、これは『漢書』文帝紀二年九月条の詔文「農ハ天下ノ大本也。民恃ミテ以テ生ク所也。民或ハ本ヲ務メズシテ末ヲ事トス。故ニ生遂ゲズ」の前半をそっくり持ってきているものです。

たしかにこれが、「農は国の大本」「農は国の本」の一番古い出典でしょう。だが、これは天皇や漢の王様の詔《みことのり》なのです。天下を治める人からの見下ろした眺めなのです。

これを「農本主義思想」の源流だと言われると、農本主義とは相当に縁遠いものだと言うしかありません。生業が自分の家族や村にとって大切なことは、別に天皇や皇帝に言われるまでもないこと。それを「天下＝国」にとって大切だというのは、政治の都合でしかないでしょう。為政者にとって、租税のもとであればこそ、大切なのはこれもまたあたりまえのことです。

ところでこの『日本書紀』が「なりわい」と読ませている「農」とは、天皇にとっては租税の礎《いしずえ》ですから、百姓・民はどちらも、「おおみたから」と読ませています。天皇にとって宝なのです。しかし当の農人・百姓にとっては、生業であり、それは単に米の生産だけでなく、布を織ったり、家を建てたり、薪を採集したり、井戸を掘ったり、料理をしたりする生活そのものでした。生産だけが大切なのではなかったのです。暮らし全般が大切だったのです。

それが、いつのまにか「農は国の本」となると、租税の対象となる農業生産という意味に狭くなっていくのです。ここに百姓の内からのまなざしが、外からのまなざしに置き換えられていく変質を見ておいてください。似て非なるものが、同居しているのです。つまり明治時代以降の百姓は「国」と言った途端に、国家のまなざしに舞い上がり、国家に吸収されてしまうのです。国家に「国の本」だと思ってほしい、思わせたい、という願望が込められてしまうのです。

　農が家族や地域の「本」だというのは、言うまでもないのですが、「国の本」だとは言えなくなってきたからこそ、この「農は国の本だ」というスローガンをことさらに強調せねばならなくなっていくのです。新しい農本主義は百姓や在所の内からのまなざしによって形成されていくでしょう。そのときには、「農は社会の母体だ」というような言い方に変化していくでしょう。

食べものは命

　今日では多くの人がよく言うように、食べものは命の糧です。しかしこの場合の「命」とは人間の命だけを指しているのではないでしょうか。人間が健康で長生きするためだけに、食の内実が問われ、選択されているのではないでしょうか。放射能に汚染された食は価値がないのでしょうか。もちろん人間が食べるわけにはいかないでしょう。しかし汚染された米は、稲として田んぼで自然のめぐみを受けとめて、自然を豊かにして生きてきたのです。「何だ、放射能で汚染されているのか、食べるに値しない」などと見棄ててはいけないと思います。

食は命の糧、という論理は正しいのでしょうか。私はこういう言葉を聞くと、いつも少し不愉快になります。人間のことばかり、自分のことばかり気にしているのではないかと感じるからです。それを経済を重視する人に見透かされて、利用されてしまうのではないでしょうか。食べものは食べもの自体に命があります。その命を殺して、私たち人間は生きているのです。膨大な殺生の上に、私の一つの命が成り立っています。このことを人間が悩まなくてもいいのはどうしてでしょうか。

私の好きな空豆や豌豆《えんどう》が食卓に上がりだすと、夏がもうそこまで来ていることを実感します。あの豆の香りは、もちろん自然からの香りで、季節を食卓にまで届けてくれます。もちろん私たち百姓は、もう後作に何を作付けするかに思いを馳せます。あの夏の暑さが今年も訪れるのかと、少しうんざりし、それでも安堵するのです。消費者なら、空豆や豌豆の花を求めて飛ぶモンシロチョウの畑を思い描くでしょうか。少なくとも、どこでとれた豆だろうか、どんな百姓が手入れしているのだろうか、どういう手入れをしているのだろうか、今年のできはどうだったのだろうか、と想像してくれるでしょうか。

たぶん現代の食卓では、そんな情緒的な世界に遊ぶことをあざ笑うように、豆の内部の栄養素や農薬残留をまず問題にするでしょう。東日本産だったら、放射性物質の含量も真っ先に調べられるでしょう。それこそが食べものとしての豆の価値になっているのです。米に至っては、さらに事態は常軌を逸しています。

私たち現代人は、大量に生産される工業製品の生産の由来を問うことをいつの間にかやめてしまいました。私も長靴を買うとき、どこでどういう労働者が、どんな工夫をして、どんな誇りを持って製造しているのかと想像することをやめてしまっています。ひたすら価格と品質とデザインぐらいしか、見ていません。それで、何の不都合もないと思いこんでいます。農産物も同じ道をたどっているのではないでしょうか。

米を食べるときに提供される情報は、「農薬残留が検出限界以下」とか「アミロース成分が低い」とか「食味点数が高い」などという、内部の価値ばかりです。これも工業の物まねなのでしょうか。科学的に表現しないと価値が上がらないと思いこまされているのです。こういう内部の「成分＝価値」は、人間の感性ではつかめません。機器で分析しないとわかりません。しかし、数値で表すことができます。だから比較できるのです。産地間競争に打ち勝つために利用できるのです（負けたときにも言い訳になります）。米という食の価値は経済価値へと変換されていっているのです。こうして、産地や手入れしている百姓や育てている自然に、思いを馳せる習慣が静かに滅びようとしています。「産地を問う」習慣とは、思いを馳せることだったのに、近代的な流通・販売は薄情になるばかりです。

都会の家族がごはんを食べている場面を想像してください。ごはんの香りが部屋に満ちます。ごはん粒はしっかり光っています。箸で口に運びます。温かいから気持ちも温かくなります。ゆっくり噛みます。粘りと味が噛むたびに歯に伝わってきて、噛むことの充実を感じます。これは感性で感じている価値です。「おいしいね」と言葉が自然に出てきます。子どもが言います。「このごはんができた田んぼを今年も見に行きたいな」。お母さんが答えます。「でも遠いからね。毎年は無理ね」。「でもまたあのカエルやトンボたちをみたいな」。「そうね。田んぼの上の風はいい香りだったわね」。お父さんも「あのお百姓は、都会に出ている子どもが帰って来ると言ってたけど、どうなっただろうかね」。「あの村はかなり山奥だし、冬が大変ね」。などという会話が交わされるのです。米の何が伝わっているのでしょうか。

食べものの価値は、内部にあるのではなく、むしろ多くは外部に広がっているのではないでしょうか。なぜなら農産物は、百姓が自然から引きだした「めぐみ」だからです。それは自然から採集してきたものではありません。自然に働きかけた百姓仕事が自然を豊かにしたお礼として、自然からもたらされた「めぐみ」なのです。だからそれを食べるときに、自然に、そして百姓仕事に思いを馳せるのが、農の伝統として形成されたのです。

生きものの命は、まるで自然のめぐみのように私たちに提供されています。生きものたちはまるで私たち人間に命を差し出しているような印象すらあります。せめて生きものたちがどういう自然で生きていたのかを偲ぶことが、感謝の気持ちの中心に据えられるものではないでしょうか。だからこそ、産地を思うのです。それなのに、内部の成分や見かけだけに注目するのは、食べものに失礼だと私は感じるのです。

私はこの本で、農の価値を多様に多彩に、経済価値にとらわれずに、人間の現代の価値に足をすくわれることのないように、語りたいと考えています。

「食料生産業」の登場

最近、印象的な話を聞きました。大学教授が学生に当面は食料危機はこないかもしれないと話したら、「それなら、農学部に来た意味がなくなる」と戸惑う学生が少なくなかったのだそうです。この話は、農業＝食料生産＝食料危機への対応という図式が、農学の根底に据えられていることを表しています。

「農学は食料危機を救う学である」は、農学への期待の中でも大きなものの一つです。ロマンであり、物語です。しかし問題が二つあります。まず、これはほんとうに農学の目的なのでしょうか。次に、これが無意味だとしたら、農学の存在意義は薄れてしまうのでしょうか。

明治以降の日本という国民国家にとって、食料の生産と供給はナショナルな価値の最大のものでした。なぜなら食料は不足していたからです。米だって輸入していました。したがって食料の「増産」への寄与こそが、日本農学の大きな目的となったのは当然でしょう（別に農学に限らず、明治時代以降の「学」は国家によって育てられていくのですから、当然の話ではあります）。しかし、その後ナショナルな価値のトップは食料ではなく、「経済（カネ）」にその座を譲ることになりました。そしてカネさえあれば、食料は外国から買えるようになり、食料よりも「食べもの」が消費者ニーズになったのです。たくさんとれる米ではなく、おいしい米が求められています。その証拠にいち早く「新米」を売り出す産地競争が盛んです。

食料が大切なら、できるだけ備蓄して、新米を食べるのは先送りにすべきでしょう。私は自分の田んぼの新米は正月に食べた後、4月まで食べません。少なくとも日本国内では、農学はとっくに食料危機を救う学ではなくなってしまったのです。

そこで農業政策の担当者はよく百姓に「消費者ニーズに合わせた農業生産を行いなさい」と言いますし、農学もこちらに舵を切っています。消費者の意向を無視した生産を行っても売れるはずがなく、これは一見まともな見解のようです。しかし、ほんとうにそうでしょうか。

農業を一つの産業だと考えるようになると、経済価値の追求が当然のようになり、市場価値を決定する消費者の欲望に合わせざるを得なくなります。もともと農産物は自然のめぐみですから、消費者の方が自然に合わせるのが筋。こう言うと「原理主義者」だと決めつけられます。しかし農の原理の最大のものは、「人間を自然に合わせる」というものでしょう。

こういう国民国家の求める有用性にばかり目的を設定する学では、その目的が薄れればすぐに目先を変えなくてはならなくなります。もっと深く普遍的なものを探す旅に船出すべきでした。ラディカルに言うなら、有用性を超えた農学があってもいいのではないか。つまり国民国家からの要請をはねつける思想と学がもう一度、農から紡ぎ出されなくてはならないのです。

3　章

自然の位置づけが遅れた理由

私も意外に思ったのは、農業にとって自然の意味づけ、価値づけが行われたのは、近年のことなのです。それまでは、自然はそこに、いつも、あたりまえにあるものでしたから、特別な価値づけをする必要がなかったのです。この章では、この驚くような事実を語ります。

雨が近いと鳴きたてる雨蛙

「自然」は翻訳語だったから

日本語の自然環境を指す「自然」という言葉が翻訳語だと知ったときの驚きを、私は一生忘れないでしょう。「まさか、ウソだろう」と思いました。こんなに豊かな自然に満ちている国に「自然」という言葉がなかったなんて、信じられませんでした。現代の日本語の「自然」という語には、二つの意味があります。（1）自然にそうなる、という副詞と、（2）自然環境という名詞です。（2）は後で付け加えられた新しい意味なのですが、ほとんどの日本人は（2）の「自然環境」の方も、昔からの日本語だと信じて疑いません。それはどうしてでしょうか。

一つ質問してみましょうか。「人間も自然の一員である」という言い方は正しいでしょうか。たぶんみなさんは間違った使い方だとは感じないでしょう。しかしもともと（2）の「自然」とは、人間以外を指すのですから、矛盾もいいところでしょう。その最大の理由は、もう一つの意味である「おのずからなる」「自然のままに」という意味に引きずられてしまっているのです。なにしろそれまでの日本人は、自然を内から見ると（こういう言い方がすでに矛盾しているが見逃してください。他に言いようがないのですから）人間も自然の一員以外の何者でもなかったからです。これこそが、日本に Nature に匹敵する言葉・概念がなかった説明にもなっています。それまでの日本人は、自然の外に立って、自然を見ることがなかったのです。言葉を換えると、人間と自然をきっぱりと分けることがなかったのです。

少なくとも農村では、人間と自然を厳然と分ける習慣が成立したからこそ「近代化思想」が定着することができたと私は考えています。しかし、このことの意味を現代日本の農業関係者は考えてみることがありません。それほど「自然」という Nature の新しい翻訳語は日本人に定着してしまっているのです。柳父章《やなぶあきら》によると、この自然の新しい意味が日本語に追加され定着したのは明治30年代だったと言います（『翻訳語成立事情』岩波書店）。農村ではさらに遅れたものと思われます。したがって戦前までは、百姓はほとんど「自然」という言葉を使いませんでした。よく使うようになったのは、戦後です。さらに頻用するようになったのは、近年のことでしょう。

もう亡くなってしまった友人の森清和に「自然は好きだが、自然と言った途端に、自然の外に出てしまうのが哀しい」と言われて、私はハッとしたことがありました。私たちが安堵し、包まれるのは、「自然」を外側から眺めるときではなく、自然の中で生きものと一緒にいるときではないでしょうか。生きものの一員として、自然という概念を忘れ、自然の中に入ることができるからです。自然の外に立ち、自然を客観的に眺める人間ではなく、自然の一部として、自らも自然になってしまうから、ほんとうの「安心」が得られるではないでしょうか。

それでは、「自然」概念を持つことがなかった先祖の百姓たちには、いったい自然はどのように見えていたのか。とても気になることですが、私なりのたとえ話をしてみましょう。

池があります。フナが泳いでいます。もちろん池の中のフナには、池の形は見えません。しかし、池の中の仲間や他の生きもの、池の水や底の土は、じつによく見えているだけでなく、体で感じています。こうも言えるでしょう。フナには池の中のすべてが見えているが、池の外形（姿）は見えていない、と。池の姿は、フナが釣り上げられて、池の外に出たときに見えるかもしれません

図　「自然」を発見する前と後の概念

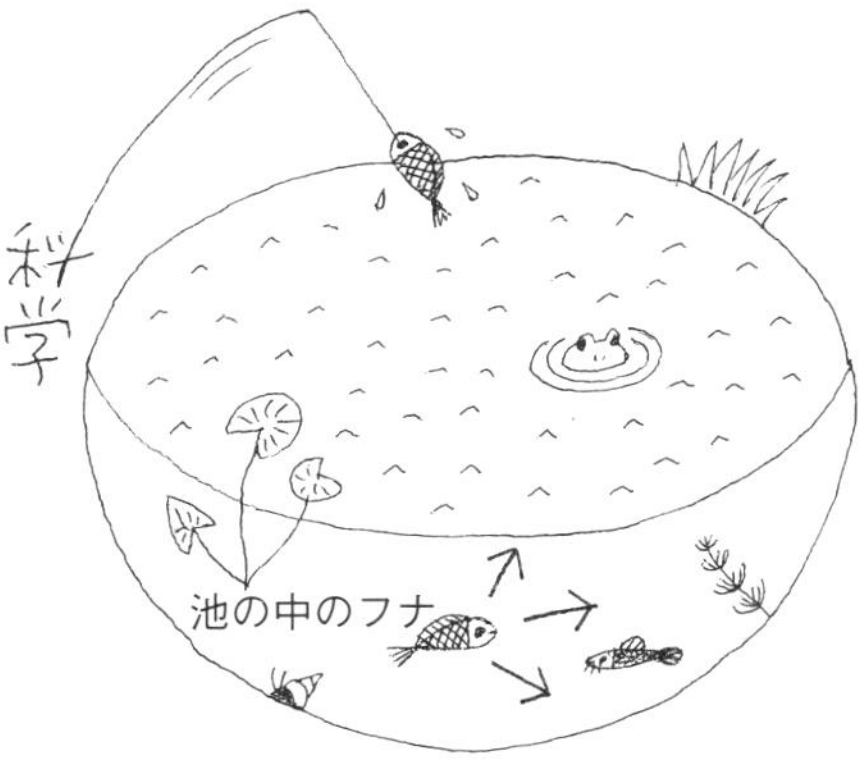

が、フナにはそんなことを期待しているわけでもないでしょう。その必要は全くないからです。

この池を「自然」だと思ってください。もちろんフナがかつての日本人です。かつての日本人は、池の中のフナだったので、自然を知りませんでしたが、自然の中は十分すぎるぐらいによく知っていた、と言えるでしょう。一方の現代の日本人は、池を外から眺めていますが、池の中に入ることが苦手です。自然の中の生きものたちと一緒に過ごすことがほとんどなくなりました。自然のことは知っているのですが、自然の中で自然の一員として生きる情感の深さを知りません。このことの不幸もまた、考えてみなければならないでしょう。

池の中のフナは内からのまなざししか持ち合わせていません。それで何の不都合もなかったのです。ところがフナが科学によって釣り上げられて外からのまなざしと出会うと、内からのまなざしでは見えない世界に驚き、感心し、いつのまにか外からばかり見るようになっていくのです。私もまた外からの科学的なまなざしをしっかり身につけるように教育され、ついその方が進んだ見方だと思い込んできました。しかし、次第に気づくようになりました。どちらが大切だというのではなく、どちらも大切なのです。それぞれ見える世界と見えない世界があります。

自然と人間を分けるということは、自然を外から見るということです。日本語に（2）の「自然」という翻訳語が定着したからこそ、私たちは自然を外から見る習慣が生まれたのです。自然を外から見るからこそ、科学的な見方を身につけることができたのですが、この外からの見方では自然は見えますが、何か大切なものをなくしたような気がします。それは、自然を自分の一部としていた内からの見方が失われ、自然を自分の一部として引き受ける気持ちをなくしたのです。

「天地」という言葉は、当初は Nature の翻訳語として使われてはいましたが、人間も含む概念ですので、次第に採用されなくなりました。もちろん昔の人も、天地のめぐみと災いは区別しながらも、ともに引き受けて生きていました。ところが人間にとって有用なものと役に立たないものとに、平気で腑分けするようになったのは、外からのまなざしのせいです。「害虫」

とか「駆除」「防除」などの概念が普及し始めるのは明治時代の後半になってからです。そして今日では、人間に適用した近代化尺度（労働時間、所得など）を、自然にまで当てはめるようになってきています。その結果、百姓仕事にも工業労働と同じような生産性を求めるようになりました。

これまでの話をまとめると、自然の内側にいて、自然の一員であるときには、自然は外からは見えません。自然という言葉も使うことができません。自然はその外側に出たときに生まれる見方なのです。外側から見るときに初めて自然という言葉が必要になるのです。この内側から見る、外側から見るという違いはとても大切なことです。現在では外側から見るということが主流ですが、これは近代思想の影響、科学の影響だと言っていいでしょう。近代思想やそこから生まれた科学では、自然をよく表現できるからです。

やや足早に説明したので、わかりにくかったかもしれませんが、このことはこれからもことあるごとに触れますので、そのうちに実感が湧くようになるでしょう。

自然と人間を分けること

日本人に次の図を見せて、「最も価値のある自然はどこでしょうか」と尋ねると、【1】の原生自然（100%自然の場所）とほとんどの人が答えます。わたしもついそう思ってしまいます。これは相当に異常なことです。なぜ「原生自然」がそうでない自然よりも価値があるのでしょうか。理由は二つ考えられます。前節で説明したように、自然がもとからの日本語の「自然」の意味である「自《おのず》から然《しか》る」ものなら、その極地である原生自然が最も「自然な」ところだからです。

もう一つの理由は意外なものです。なぜ日本語にはなかった名詞の「自然」が西洋の言葉にはあったのかを理解すればわかります。答えはすでに話しています。西洋では、最初から人間は自然の外にいるからです。問題はなぜそうなったのかですが、それはキリスト教の影響です。キリスト教は創造神が人間をつくり、そして創造神は人間のために自然をつくった、という教えが基本だからです。人間と自然は最初から分かれていて、人間が上位にあります。にもかかわらず原生自然が価値があるのは、そこは神が創造したままの姿をとどめているのですから、「神意」に触れることができます。したがって、自然の中では最も価値があるのです。

そこで、上の図で「田んぼはどこあたりですか」と問うなら、決して【1】ではあり得ません。相当に自然に人間の手が入って、壊れて、劣化しているというイメージでとらえられます。その結果、都会

図　現代の自然観

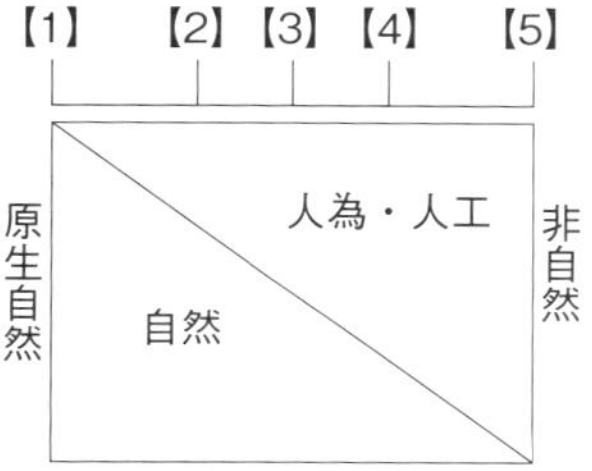

人では【2】が多く、百姓では【4】が多いのです。都会人には百姓の人為である「手入れ」があまり見えず、自然としての田んぼの風景が前面に出ているからです。一方の百姓には、自然に手を入れる百姓仕事がよく見えているので、人為が多い【4】となるのは当然でしょう。

ここに難題があります。現代の百姓もまたこのように自然と人間をきっぱり分けてしまう習慣を無意識に身につけているのです。人為の中にある「自然な」ものまでも、人工に分類してしまうのです。

この図は西洋由来の自然観に基づいたものですが、現代日本人の自然観の半分を表現していると言ってもいいでしょう。しかし、このように人間と自然をきっぱりと分けることによって、見えてくることも少なくないのですが、同時に見失ってしまうこともあるでしょう。人間以外を自然と表現すると、人為は必然的に自然破壊になり、農業も自然破壊の営みになるのではないでしょうか。百姓は自然に手を加えていますが、その結果ほんとうに自然は劣化するのでしょうか。とても疑問に感じるところです。

問題の震源は、もとからの日本語である「自然にそうなる」という意味が、この「自然」に重なってしまっているところにあるような気がします。先に述べたように、日本人が原生自然に引かれるのは、その自然が自然だからです。ですから、人為が加わると「自然にそうなる」ものではなくなっていくのです。しかし、身のまわりの田んぼや畑の生きものの多くは、百姓仕事が行われるから生まれ育ち、生をくり返すことができます。自然に生きている生きものだとされてきましたし、現代でもそうです。決してここでは、人為と自然に生きている生きものは田畑の中では対立していません。

それどころか、生きもの相手の百姓仕事（人為）は自然に没入する方法なのですから、不思議です。かつての百姓が自然という言葉を案外使用しなかったのは、仕事に没頭して、自然に没入して、自然を意識することがない状態が多かったためです。また在所の自然世界に抱かれて暮らしてきたので、在所の自然世界を外から眺めることが少なかったからです。まだ自然の一員だという名残を引きずっているのです。

そうなのです。ここにこそ問題の核心があります。自然を意識しないときが、いちばん自然に包まれて、結果的に癒やされるのですが、そのこと自体すら意識しない、ということは誰にも語ることがないということです。「自然に癒やされる」と語るときの人間は、すでに自然の外から自然を意識している人間なのです。

ただ、ここであえて言っておかなければならないことは、このように自然と人間を分けるからこそ見えてくることがあるということです。自然の中に没入している状態では、自然の四季折々の変化はわかりますが、外から持ち込まれた自然破壊の原因はわかりません。それには自然を外から見る科学の目が必要です。科学は因果関係を分析的に、つまり科学的にとらえます。とくに科学によってもたらされた公害問題の解決には、科学が必要になります。

たとえば、農薬が自然界でどのように分解され、移行し、濃縮されるのかは、科学でないとわからないでしょう。このように現代社会では自然という概念とセットになった近代科学が不可欠です。そういう社会にしてしまったというべきでしょう。西洋では自然と人間を分けたからこそ、科学が発達したというのは今日では常識になりました。このような自然という概念がなければ、人間と自然との関係も、池の外から冷静に客観的に眺めることはできなかったでしょう。

そういう意味で「田畑や里山は、人間がつくり変えた自然である」という表現ができるようになったのです。また、「そのつくり変えた自然は、つくり変える前の自然よりも身近になったし、安定して生きものが生をくり返すことができるようになった」というような表現もできるようになったのです。これが西洋発の科学的な表現のすごさであることを、私は率直に認めます。

自然はそこにあたりまえにあるものだったから

そこに、いつも、あたりまえにあるものは、普段はほとんど意識しません。意識するのは、それが失われたときです。印象的な事件を紹介しましょうか。もう30年ぐらい前のことです。福岡市は大渇水に見舞われ、ちょうど田植え前でしたので、福岡市役所は早良《さわら》区の百姓を拝み倒して、農業用水を水道水に回してもらったのです。その年その早良区の田んぼはすべて休耕したのです。渇水はその後解消されましたが、真夏になると住民から、市役所に苦情が殺到しました。その苦情とは何だったと思いますか。

「田んぼに稲がないから暑くてたまらない」というものでした。相当身勝手なものだという気はしますが、そのとおりだったのです。散歩しても、田んぼや水路には水が流れていません。田んぼには稲が植えられていないので、吹いてくる風も涼しくありません。なによりもいつもの田んぼの青々とした風景がそこに、いつものように、あたりまえにないのです。

田んぼでどれくらい風が冷やされて涼しくなるでしょうか。農林水産省の全国調査では、立地条件によってかなりの差はありますが、約2・5℃という結果が報告されています。しかしこのようなデータは、あくまでも自然を外からとらえる科学的な見方のものです。田んぼの涼しい風に包まれているときには、温度差などを意識することはないでしょう。それをこのように意識的に外から分析するから、このように語り伝えることができるのです。そして伝えなければ、存在しないように思われるのです。

このように百姓の場合には、人間と自然の関係の多くは表現されずに、過ぎていきました。別にそれは惜しむことでもなかったのです。その気になれば、いつでも、そこに、あたりまえにあるからです。ところが、そのあたりまえにそこにいつもあった自然がなくなっていきました。だからこそ、どうにかして表現して守らなければならなくなったのに、多くの場合、表現の仕方がわからないのです。既存の学問や科学ではわからないのです。この本では、それを表現しようとする気持ちと方法を示していきます。

「自然は農業生産と対立するもの」という農学思想

百姓が感じてはいるのですが、意識もしないし表現もしない自然とのつきあいをとらえ損なったのが農学だったのではないでしょうか。私が農業は自然のめぐみを引き出す仕事だと言うと、必ず「むしろ、農業は自然の制約をはねのける仕事ではないか」という反論が寄せられます。たしかに、日照りや台風などの自然災害は農業生産の障害となってきました。この頃では台風や集中豪雨に襲われると、すぐに被害額が何億円と政府や自治体から発表されます。こういうときには「農業は自然との闘いである」という気分になります。

しかし自然からの被害と、もたらされるめぐみを、農業が始まって以来この方すべて計って秤《はかり》にかけたら、圧倒的にめぐみの方が多いに決まっています。それなのに、なぜ自然を農業にとっての制約と考える思想が隆盛になったのでしょうか。

その理由は何だったのでしょうか。農学は、農業を近代化するために生まれた学だというのは間違いありません。近代化とは、それまでのやり方を古いものとして、新たな技術や経営を村に持ち込んで、生産性を上げることでした。それまでは変化せず安定していた自然との関係を、制約と感じるようになり、それを乗り越えていくのが近代化技術というものだと位置づけたからです。

言葉を換えると、自然のめぐみも災いも、ともに引き受けてきた近代化される前の伝統的な自然観を転換させようと画策したのです。それまでは人間と自然を分けることがなかったのに、近代化された自然観では、きっぱりと分けるようになりました。科学技術を行使するためには、人間は自然に包まれて一体になっている場合ではないのです。自然と対峙し、克服してこそ、新しい世界が見えてきます。その結果、自然の人間と対立する側面に目を注がせた、とも言えるでしょう。

そこで、「害虫」という概念の発生を例にとって考えてみましょう。たしかに作物を食い荒らす虫は大昔からいました。古くから「蝗《こう》」と呼ばれてきたのは、ウンカのことですが、それは天地の災いであって、避けたいものではありましたが、現れたときには引き受けざるを得なかったのです。したがって、これを「害虫」として駆除しようとする気持ちはあまりなかったのです。つまり日本においては、駆除・防除の手段が開発されて初めて、その対象として「害虫」という概念・分類が生まれたのです。江戸時代までの農書には、害虫という言葉はなく、「虫」としか表記されていません。

１９９０年代にカンボジアの農村に何回か通いましたが、「害虫」という言葉がないのには驚きました。田んぼには日本と同じウンカがいても、それは「悪い虫ではない」というのです。近年の農薬の登場や乾期作の普及までは、このウンカは大発生することがほとんどなかったので、「害虫」もいなかったのです。

この害虫の被害を引き受けずに防除して、克服すれば、生産は上がります。それを農学は目指したのです。自然を制約と見ることによって、近代的な研究対象が見えるようになるのです。そういう意味で、農薬の開発と普及は、自然を農業生産の阻害要因だと見る見方によって推進され、そういう見方を農村にもたらしたと言えるでしょう。こうして「自然の制約」を克服することが農業の進歩だという新しい思想が、農学によって広がったのです。しかし克服するということはどういうことでしょうか。案外、よくわからないことです。

たとえば防除の考え方は、恥ずかしいぐらいに害虫しか眼中にありません。害虫の天敵が視野に入ったのはずいぶん後のことです。

「ただの虫」の認知が遅れたから

虫だけに限定すれば、田んぼや畑には、害虫もいれば天敵も、そして「ただの虫」もいます。ところが「ただの虫」という言葉は、１９８０年代にこの日本で私たちによって提案され

田んぼで虫見板を使う

た新しい言葉であり概念です。自然を農業生産の制約だとばかりとらえるから害虫とその天敵にしか長い間、目が行かなかったのです。なぜ日本で、生物多様性に先駆けて、ただの虫という考え方が生まれたのかを考えてみましょう。

まず１９７９年に友人の篠原政昭が発明した「虫《むし》見《み》板《ばん》」のことから語り始めなければなりません。30×20㎝ほどの薄い板なら何でも虫見板になります。この板を稲株の根元にあてて、反対側から手のひらで素早く、強めに3回ほど叩くと、稲の茎や葉にいる虫たちが落ちてきて、半分ぐらいが虫見板の上に乗ります。そこで、虫見板を引き上げ、そっと顔を近づけて観察するのです。

虫見板で仲間の百姓の田んぼをみんなで見てまわると、田んぼがいかに個性的で様々かがよくわかります。いくら害虫が大発生するという情報が出ても、ほとんどいない田んぼだってあるのです。さらに、できる限り農薬を散布しないで様子を見ると、害虫がどんどん減っていくことに驚いてしまいます。孵化したばかりのときは一株に１００匹もいたのが10日ほど経つと、10匹ぐらいに減っていることは珍しくありません。

このことはやがて「減農薬運動」として広がっていきます

が、そのことは私の他の本でくわしく紹介していますので、ここでは簡単に触れるだけにします。私たちがやったことは、できるだけ農薬に振りまわされないで、百姓の主体性を取り戻すことでした。それを表現する新しい言葉として「減農薬」という言葉を用いたのです。これから「減農薬」という言葉は、村の中で福岡県の百姓によって使われることになり、今では全国で使用されています。

虫見板によって、それまで通用していた「常識」がいくつも壊れていきましたが、そのなかでも代表的な「常識」は、次のように脅迫的に農薬散布を迫るものでした。「あなただけ農薬散布をしなかったら、農薬散布したところから害虫があなたの田んぼに逃げ込むよ」「あなただけ農薬を散布しなかったら、周囲がせっかく農薬を散布して害虫を殺しても、あなたの田んぼから害虫が広がって何にもならなくなる」というものです。これが間違っていることが、虫見板で証明されたのです。戦後30年間、百姓は間違った認識を持たされていたのです。「農家は昔から病害虫の被害に苦しめられてきた。農薬はそれを解決することができた」という、極めて一面的な誤った物語はこうやって打ち砕かれたのです。

そして虫見板による最大の発見が次に訪れたのです。虫見板はその後、福岡市を中心にして西日本各地に普及していきます。私も百姓に虫見板の使い方を説明してまわる日々が続きました。福岡市を例に取り上げると、それまで田植えしてから6回散布していたのが、3年後には2回に減ったのです。それほど百姓の目が肥えていき、害虫や益虫を覚えていったからです。

あるとき、虫見板で虫を見ていた百姓が「宇根さん、この虫は何と言うのか」と尋ねてきます。今ではその虫の名前は「跳び虫」だと知っていますが、当時は知りませんでした。そこで苦し紛れに「害虫でも、益虫でもないと思います。わたしも知らないぐらいだから、ただの虫でしょう」と答えました。虫や益虫でもない、ありふれた、普通の、特別の価値もない、という軽い気持ちで言ったのです。それから百姓の間で「ただの虫」という言葉が「ああ、それはただの虫だから放っておいていい」というように使われ始めました。

それでも私はまだ、この言葉に特別の意味を感じてはいなかったのです。その年の冬のことでした。各地の稲作研究会では一年の反省会を行います。もちろんその後は酒が出て、自由闊達に意見が交わされるのですが、こういう会話が交わされていました。

「ただの虫は何のためにいるのだろうか」

もちろん私は「わかりません」と答えました。

すると別の百姓が「何のためにいるかわからんが、源五郎《げんごろう》もタイコウチもメダカもただの虫だよな」と言いました。

その瞬間、私はハッとしました。

「そうだ、ただの虫は自然の生きものなんだ。そしてこの自然の生きものは、田んぼの生きものだ」と気づいたのです。私自身にとっては、これは田んぼの自然の発見だったのです。

今となってはあたりまえのことですが、私はそれから世界を見る目が変わりました。当時の私は福岡県の農業改良普及員をしていましたが、「ただの虫」を身近な自然の代表選手に押し立てて、田んぼや農業が自然を支えていることを理論化し、それまでの農学ができなかったやり方でみんなに知らせてやろうと意気込んだのでした。

ただの虫が農政や農学の主流からは生まれなかったことは象徴的です。それは農政や農学にとっては、有用性の追求が目的だったからです。そして前に述べたように、戦前は害虫の研究が主流であり、害虫を抑える天敵の研究も始まっていました。戦後はほとんど農薬の研究に傾斜してしまいました。その反省の動きの中から「総合防除（ＩＰＭ）」が提案され、やがて百姓の中から有機農業運動が起き、その後私たちの減農薬運動が起きました。

しかし、これらの運動も当初は害虫や病害が出ないようにすることに注意が向いていました。近代化思想が自然を制約ととらえていた延長にあったのです。したがって農薬という近代化技術を使わない、あるいは振りまわされないようにして減らしていく、という姿勢はあったのですが、自然をまだまだ制約ととらえていたのです。それに対して「ただの虫」という概念は視野を有害なもの、有益なものからさらに広く自然全体に広げたのです。自然の制約的な部分と反制約的な部分だけでなく、自然全体へのまなざしが近代化思想の中からそれへの対案として、科学と百姓仕事が出会ったところから生まれ落ちたのです。それは新しく生まれたのではなく、ほんとうは回復だと言えるかもしれません。

「害虫も大発生しなければただの虫」という実感でもわかるように、もともと自然は制約や驚異ではなく、あたりまえに普通にそこにあって、被害などはたまに受けるだけのものだったのではないでしょうか。

農薬を使用するようになって、それまでただの虫だった虫たちが大発生するようになり害虫になった事例はいっぱいあります（褄黒横這《つまぐろよこばい》という虫がその典型です）。このことはとても象徴的です。科学は自然を生産の制約と見て、制約を取り除こうとしたために、逆に自然からしっぺ返しを受け、むしろ自然の脅威を増やしたのです。

農にとって自然とは何か

さて、それでは農にとって、自然とはいったい何なのでしょうか。田んぼや畑は原生自然ではありません。しかし、原生自然以上に豊かです。私も原生自然はいいものだと思いますが、そこで暮らしたいとは思いません。なぜなら、そこは人間と自然の関係が成立していないところだからです。

それに比べて田んぼや畑や村の自然には人間はまなざしを深く広く注ぐことができます。それは当然でしょう。百姓仕事によって、百姓暮らしによって、そのようにつくり変えられた自然であるし、そのようなまなざしを伝統的に受け継いできたのですから。言うまでもなく、これも立派な自然です。ここで、自然の定義が書き換えられていることに気づきましたか。人為が加わっているから、（本来の）自然ではない、というような言い方は間違っています。日本人の好きな自然とは、原生自然ではなく、村のそこに、いつも、あたりまえにあるようにした自然なのです。人間と区別された、人間とは別の自然ではなく、人間の行為も含んだ自然なのです。

このように日本的に定義し直すと、「百姓仕事が自然のめぐみを引き出している」という言い方が、自然に受け止められるでしょう。もっともこういう定義をしなくても、「天地は人間が手入れをすればするほど、豊かなめぐみをもたらしてくれる」というのは昔から百姓の言いぐさでした。この「天地」を私は「自然」に言い換えただけです。

「天地」とは人間も含んだ概念です。もともとは自然とは意味が重なりません。そこに人間以外を指す「自然」が明治時代に輸入され、今日まで混同と混乱が100年以上も続いてきたのです。それに終止符を打ちたいと思います。人間も含んだ「自然」概念の登場です。これで、「人間も自然の一員です」という言い方が矛盾ではなくなるのです。

くれぐれも誤解しないでください。これによって、人間の自然に対する破壊行為が容認されるようになるのではありません。むしろ、自然のめぐみは「自然に」もたらされるのではなく、人間の伝統的で合理的な働きかけによって、いい百姓仕事によってもたらされるのだということがはっきりするのです。そして人間の責任が自覚できるようになるのです。農業は自然に対して、しっかり手入れをするほど、めぐみが安定し、ずっと持続するものなのです。そしてもっと大切なことは、その自然のめぐみを（時には被害を）引き受ける気落ちがあらためて身につくことでしょう。

わが家のみかん畑には雨蛙がいますが、田植えの時期になると、一匹もいなくなります。産卵のために田んぼに戻っていくのです。生まれた場所に戻るのだから、道に迷うこともないのでしょう。ところが雨蛙が帰った先の田んぼを、もし私が減反して田植えをしなかったら、どうなるでしょうか。

雨蛙の寿命は3年だと思われます。雨蛙は1年待つでしょう。翌年もまた私が減反したら、たぶんさらに1年待つでしょう。さらに次の年も私が減反したなら、雨蛙は子孫を残せずに寿命が尽きるでしょう。3年以上減反すると蛙は激減します。なぜなら、蛙は田植えに合わせて、生きてきたからです。百姓がつくり変えた自然に合わせて生きてきた生きものたちへの優しさが、百姓から失われるなら、この国の自然と自然への情愛は亡ぶかもしれないと、私は思います。これが自然と人間の関係です。

時代は変わっていきます。生活もこの50年間で激変しました。だからといって、これからもさらに変化し続けていくとは誰も思っていないでしょう。幕末までさかのぼれば、この150年間の近代化（文明開化）の時代が、あまりにも特殊な時代だったのではないでしょうか。たとえばそれまでは、米の反収（1反、300坪、約1000㎡あたりの収穫高）は弥生時代から、さほど変化してこなかったのですから。

　百姓がつくり変えた自然が、そのまま自然としてくり返すことが、最も困難になってしまったこの50年間を私たちは生きてきました。田んぼを例にとれば、耕し方が鍬や牛馬耕から耕耘機に、そしてトラクターに変わりました。水苗代が箱苗に、成苗田植えが稚苗田植えに、手植えが歩行型の田植え機に、そして乗用田植え機に、さらに直播きにしようと考えている人もいます。このことによって、労働生産性は格段に向上しましたが、自然の生きものは大きなダメージを被りました。同じ自然がくり返さなくなったことの意味は過小評価すべきではありません。このことに農業近代化思想は全く無頓着だったことは忘れてはなりません。

　自然は、いつもそこに、農業技術とは関係なしに、存在し続けるものだというそれまでの自然観にあぐらをかいていることは、もう許されないのです。

4 章

仕事と技術の根本的な違いを解く

人間と自然の関係を考えるときに、仕事と技術の違いを踏まえておくと、現代社会と農業の問題点がより深くわかります。この章では、技術が隆盛を極めている現代では案外見過ごしてしまっている仕事と技術の違いを考えてみます。

蓮華と蜜蜂とアルファルファタコ象虫の幼虫

仕事と技術の違い

百姓仕事と農業技術は別のものなのに、混同されていることが多いようです。この二つの根本的な違いは、百姓仕事は自然に包まれ自然と一体になることもできますが、農業技術は徹頭徹尾、人間が外から、自然を対象にして使うものです。自然の中に入ることができるのが百姓仕事で、自然を外から分析的に眺めて活用するのが農業技術だと言えるでしょう。

もちろん一般的な仕事と技術の違いは、案外単純なものです。できあがったものを見て「いい仕事をしていますね」と言うときと、「いい技術ですね」と言うときは、別のことを表現していることがわかるでしょう。いい仕事とは、その人を賞賛しているのですが、いい技術とはその人ではなくその技術自体を褒めているのです。むしろいい技術とは、誰にでも使いこなせないといけないのです。その人だけが使用できる技術はまだ技術としては独立していなくて、仕事の部分が多すぎるので、普遍性が獲得されていないと思われています。

もっとも職人の世界では、その人だけのものである仕事が重視されていますので、技術が重視される現代社会であっても、人技である仕事も軽視されているわけではありませんが、それは特殊な世界のことだと思われているのも事実でしょう。さて、農の世界は仕事が幅をきかせている世界でしょうか。それとも技術が優勢な世界でしょうか。

その答えは技術という言葉にあります。このように語る「技術」とは、科学技術のことです。少なくとも現在の技術は科学と切り離せません。科学から生まれてきた技術は言うまでもなく、科学以前の技術らしきものも科学で裏付けされてこそ技術と認められるのです。なぜなら「技術」という言葉は、近代的なものだからです。しかも最初は工業の世界で使われ始めました。農業で百姓によって本格的に使われ始めるのは、戦後のことです。なぜ農業では使用が遅れたのでしょうか。

その理由は自然との関係にあります。自然と人間を分けることが難しかったからです。言葉を換えれば、自然と人間の関係を切り離し、技術にすることができなかったし、その必要もなかったからです。農の世界は技術だけでは、扱えないのです。

一つの例を見てみましょう。石牟礼道子さんの「名残の世」（平凡社ライブラリー『親鸞』〈1995年〉所収）より、一部省略して引用してみます。

ご夫婦とも、村の働き神さんの中でも、いちばんの神様だといわれていました。小母さんの方は水俣病の気が少しあるんじゃないかとわたし思っていますが、足がかなわなくなりましてね、病院に行かれた帰りに、いつもわたしの家に寄ってゆかれます。ほんとうにいざるようにして家に寄られまして、

「もうほんに道子さん、蜜柑山の草がなあ、毎日、草が呼びよるばってん、行かれんが」
とおっしゃるんです。それで、
「ああ草の声がなあ、切なかなあ小母さん、それで、小父《おじ》さんはどうしとられますか」と
聞きますと、その小父さんが、
「男のほうが女より早う逝くけん、おれが死んだあと、おまえが友達のおらんけん、おま
えに相手してくれるごと、蜜柑山なりと育てておこうわい」
と言いながら、畑にゆかれるのだそうです。ところがその小父さんも亡くなって、この頃
では、小母さんもとうとう蜜柑山に行けなくなりました。それで、近所の人が畑に行く時
に、
「小母さん、蜜柑山に行くが、何かことづけはなかな?」
と声をかけてゆくんです。すると「はあい」と言っていざって出て、山の方をさし覗いて、
「わたしゃもう、足の痛うして。行こうごとあるばってん行かれんが…。草によろしゅう
言うてくれなぁ」と小母さんが言いなさる。

足が不自由になって、蜜柑畑に行けなくなった小母さんは、なぜ、蜜柑の木ではなく、草に
「よろしゅう言うてくれ」と言づけするのでしょうか。草とりを技術だと位置づけると、「草
は、除草の対象ではないか。害草や害虫によろしくなんて言うはずがない」と思ってしまうで

しょう。それは、草とりという技術が、経済価値をもたらす蜜柑という果物を生み出す手段になっているからです。しかし、草とりという「仕事」それ自体にも生き甲斐を感じてきた小母さんにとっては、草も蜜柑の木も同じ相手なのです。むしろ草の方がつきあいが深かったのです。蜜柑が目的で、草はそれを阻害するものだ、というような近代的な価値観に染まる前の、人間の原初の情愛がここにはあります。これが百姓仕事の世界です。こういう世界は技術から排除され追放されています。

百姓仕事はこういう世界に人間を誘ってしまうのです。だから、仕事自体が楽しみになります。それは、相手がいるからです。生きものが相手だからです。草に美しい花が咲かなくても、とってもとっても生えてくるけれど、草を相手に草とりをしていると、草と同じ世界に生きている情感が生まれてくるのです。目的を達成することだけが仕事ではありません。仕事の中で、こうした情愛を育んでしまうのです。こうした仕事の対象（相手）との気持ちの交流があればこそ、百姓仕事の中では「稲の声」や「草の声」が聞こえたのです。

それに対して技術は、対象である草を冷静に分析して、つまり対象化して「駆除・排除・防除」の対象としてとらえます。対象との関係がよそよそしいのです。そうでないと、どこでも、誰でも、いつでも使用できる技術は開発できないでしょう。このような冷静な姿勢を確立したのが科学でした。つまり科学は相手とのつきあい方を根本的に変えるのです。そして仕事は古くさいものになり、技術が花盛りになってきたのです。

このことがよくわかる技術が「遺伝子組み換え技術」です。たとえば、病害虫にやられない遺伝子を組み込んだ稲が育成できたとしましょうか。農薬は必要がなくなり、百姓も病害虫のことなど気にしなくてよくなります。いいことばかりのようです。しかし現在では、①そういう稲はほんとうに食べても安全なのか、②あるいはほんとうに生態系に影響を与えないのか、という問題が解決されていないので、反対の世論が強いのです。この疑念を現在の科学で晴らすのは無理でしょう。科学は世界全体の複雑なしくみを解明できないからです。しかし、可能性は残っていますから、これからも研究が進むでしょう。

ところがもう一つ、さらに重要な問題が残されています。先に百姓は病害虫のことを気にしないで済む、と言いましたが、これは病害虫の観察力が衰えることを意味しているだけでなく、病害虫にやられないような知恵が滅んでいくことを意味しています。ということは新しい技術は、それまでの仕事の知恵を滅ぼすことになるのです。もしその遺伝子組み換え作物を侵すような病原菌や病害虫が発生したらどうなるでしょうか。慌てて数十年前の仕事の知恵を再現しようとしても、困難でしょう。

もっと普通に見られる技術を例に挙げましょうか。天気予報です。現在の天気予報は、科学的なデータに基づいて、過去の傾向を参考にして、予想されています。私もいつのまにか、空の模様を見るよりも、テレビの天気予報を見てしまうようになりました。すると空模様で天気を読むという能力が衰えます。

個人の能力には限りがありますが、天気予報の技術は進歩し続けています。どちらが正しい予報を出せるかは簡単には結論を出せません。局地的にはそこに住んでいる達人は気象台に負けないのですが、一般的には科学技術に任せる方に進んできました。社会が個人の仕事を科学技術で置き換える方がいいと要請したからです。なぜこのような要請をするのかがとても大切です。それは近代化社会の宿命です。経済成長＝進歩が不可欠なしくみになっているのです。つまり、自分で天気を予想するよりも、他のことをする方（分業化）が経済に寄与するのです。こうして私たちは、空や雲や風や光を相手に生きることが不得手になってきたのです。

これではいけないと、断固として仕事を保持していく生き方も否定されてはいませんが、そういう生き方は次第に不自由になっていきます。社会の進歩から取り残されるからです。しかし、もしこの社会の進歩いうものが間違っていたとしたら、あるいはいつの間にか進歩が止まったら、どうなるでしょうか。頑固に伝統的な仕事を守り続けている人がいることが救いになるかもしれません。

つくるとできる・とれる

百姓仕事を農業技術にすることは、職人の世界を工業技術にすることよりもはるかに困難です。それを無理矢理に農業技術にしたために、多くの弊害をもたらしています。このことに気づかないのが、技術の特徴でもあるのですが、何よりも自然と人間との伝統的なつきあい方が壊れていきました。

なぜ自然と人間の関係は、技術化で壊れやすいのでしょうか。近代的な技術が登場する前、百姓仕事では自然とどうつきあっていたかを考えればわかります。もちろん、前章で説明したように、昔は「自然」という言葉を日本人は使用していませんでしたが、ここでは説明しやすいので前章で再定義した「自然」という言葉を積極的に用いることにします。

このことがよくわかる証拠があります。農業では「技術」という言葉を使い始めると、同時に「つくる」という言葉もよく使われるようになっていくのです。「この技術を使って、いい米をつくりましょう」という具合です。ところが昭和30年代までは、百姓は農作物を栽培することを「つくる」とはあまり言いませんでした。私たちは農業の歴史の中で、初めて「稲（作物）をつくる」と声高に言い始めた世代です。

全国各地に「百姓は稲をつくらず、田をつくる」という言い伝えが残っています。たしかに、少し頭を冷やして考えてみればわかりますが、百姓は米の一粒も決してつくれません。米は稲が、自らの力で、天地の様々なめぐみを受け止めて育ち、少しばかり手入れをした百姓に身を捧げた姿でしょう。だから百姓はずっと、米は「できる」「とれる」「なる」と表現してきました。それなのに、工業生産と近代的な科学の影響を受けた現代人は、そういう世界観を、そういう自然観を棄てようとしています。人間がつくれるのは田んぼだけです。しかもその田んぼの土をつくるのです。

その「土をつくる」にしたって、その年の作物のための栄養補給や品質向上のために「つくる」のではなく、自然のめぐみをしっかり受け止める母体として、数百年後も持続するために「つくる」のであり、工業的な「作る」とは本来違ったものだったのです。それを工業の概念に侵食されるようにして、意味を変質させています。

技術も仕事も人間が行使するものですが、内実はかなり違います。技術はあくまでも人間一般が主体となって、客体である自然に行使するものです。「つくる」主体は人間です。仕事の場合は、先のお婆さんの草とりのように、いつの間にか自然の中に没入して、一体化することがしょっちゅうあります。主体は必ずしも百姓ではありません。むしろ自然が主体であることがほとんどです。したがって人間は後ろに引いて、自然を前に出して「できる」「とれる」と表現したくなるのです。

技術に対して仕事が古くさく感じられるのは当然でしょう。農の場合は、仕事は自然を内から見てしまいがちですが、技術は徹頭徹尾一貫して外側から見ています。その仕事が徐々に技術に分解されて、変化していく様子を見てみましょう。

たとえば田んぼの畦草は、昭和30年代までは手で、鎌を使って刈られていました。鎌は村の鍛冶屋でこしらえてもらったものです。村の共同体の中での分業ではありましたが、これはまだ自前の自給であったと言っていいでしょう。その後、昭和40年代になるとエンジン式の動力草刈り機が普及してきました。この草刈り機は村外で製造されたもので、燃料は外国から輸入された石油です。これは分業の始まりです。しかし、その後40年間にわたって、この草刈り機による畦草刈りが続きました。これはまだ草刈り仕事の範囲にありました。

ところが近年になって、新潟県や北海道では、畦に除草剤を散布する田んぼが増えてきました。稲は青々と茂っているのに、畦は除草剤で立ち枯れした赤茶気た異常な風景が登場したのです。同じ分業でも、これはどうしたことでしょうか。これはもう分業というよりも草刈りの放棄だと言えるでしょう。いや、そうではありません。これこそが、分業なのです。草刈り機では機械は自給を放棄しましたが、草を刈るという仕事はまだ自給されていました。ところが除草剤散布は、手段も仕事も自給できません。「除草剤を散布するという仕事は自給しているではないか」という反論は、技術の自給であって、仕事の自給ではありません。

これが仕事が技術に変容していった典型です。技術は新しい手段、しかも科学的な手段を具備しています。その科学とは時代の精神を体現するためのもので、明確な価値基準で開発されたものです。上の場合は農業を近代化するための手段です。具体的には、労働時間を減らして、労力を他に回すために開発された技術が普及し、それまでの仕事にとってかわるのです。

それでも、「そうした近代化技術を行使するのは、新しい仕事ではないか」と反論されそうですが、それはそれまでの仕事の感覚を失いたくないための表現に過ぎず、正確に言えば、仕事ではなく技術を行使する「労働」に変化したのです。たしかに、どこまでが仕事で、どこからが労働かという境界は簡単に設定できませんが、私はこう考えます。

私も田んぼの畦の草刈りは現在では小さなエンジンがついて肩掛けの刈り払い機で行っています。最初のうちは草を切ること自体が目的でしたので、草の名前などは無関心でした。ただ早く、楽に済ませようとしていました。これは労働だったと思います。なぜなら私は畦草を手で刈って、牛や馬や兎にやっていた頃の草刈りの経験がなかったからです。つまり草という自然を対象化するだけで、その自然に溶け込むことがなかったのです。一方の手刈りを経験していた百姓は、草刈り機になっても、まだ草の名前を呼んでいます。ふと草の生きている世界に入り込むこともあるのです。

私もその後、草の名前を呼ぶようになりました。すると草刈り機で刈っていても、草から情感が立ちこめてくるのです。「ああ、ヨメナの花が咲き始めたな。この前、深く刈らなくてよかったな」などと思うのです。すると早く刈り終えようとする、草刈り機本来の目的を忘れて、草によって刈り方を変えたりする気持ちが生まれ、労働時間や効率を気にする気持ちが後退していくのです。これは労働が再び仕事へと戻って行っているのではないでしょうか。

百姓の場合の仕事と労働の違いは、相手の自然との距離で決まります。もちろん客観的な尺度、境界は決められませんが、労働と仕事の間を行ったり来たりしていると言えるでしょう。

科学の登場、技術にすることの利点

たしかに仕事のままでは困ることが出てきます。そのために技術化が必要になってきたのです。それはどんなことでしょうか。ある目的をもったものを村以外に広めるときには、そういう目的を達成するための技術を普及すればいいことになります。たとえば田んぼの仕事は、米の収量を上げることを必ずしも目的にしていません。いつもの年と変わらずにとれればいいと考えている百姓も少なくありませんし、それよりも田んぼの仕事自体が楽しみの百姓もいます。これでは米の収量を増やすことや、収量は増やさなくても労働時間を減らすこと、あるいは経費を節減することを広めることはできません。そういう政策を実現することはできません。そこで、村の外の機関の新しい考え方を村の中に浸透させるために、新しい技術が開発され、普及されるのです。

もちろん百姓が生み出した技術もないことはありません。間断灌水の技術は、田んぼに水を溜めたり落としたりすることをくり返す米の増収技術です。湿田での稲の根腐れを防ぎ、倒れにくい稲をつくるために、昭和30年前後に開発された篤農家技術でした。しかし、この技術もそれが米の増収という政策の目的に合致し、広く普及する価値があると政府や公的な機関が認めなければ、技術として理論づけられて普及されることはなかったでしょう。そういう意味では、純粋に内発的だとは言えないでしょう。このように技術はいつのまにか多くの人間のための技術になっていくのです。仕事が一人の人間の枠を越えることがないのとじつに対照的です。

このように、多くの技術とは内発的に生まれるのではなく、動機が外発的です。この技術開発のために農業試験場が全国各地に設けられました。ここで威力を発揮したのは、科学です。科学の利点はいくつかありますが、中でも私がすごいと思うのは、それまで人間がつくりだせなかった物体をつくりだしたことと、自然現象などの原因と結果を合理的に説明できるようになったことです。

もちろん科学以前の世界でも、鉄鉱石から刀をつくりだしたように、大豆から豆腐をつくりだしたように、経験を活かした加工は行われていましたが、化学合成農薬や原子爆弾やパソコンは科学なしには作れなかったでしょう。また自然現象の原因や結果も、経験でその因果関係はある程度は説明できていましたが、万人が納得するほどの精緻さはありませんでした。ところが、科学的な説明はすぐにでも多くの人を説得できます。それはどうしてでしょうか。科学はその人個人の見方ではなく、事実によって検証されているからだと説明されます。

現在では科学はその時代のパラダイムに縛られており、理論に合うように解釈しがちだというのは定説になっています。つまり時代の価値観に左右された見方で、データもその時代が認知する枠組みに沿った解釈がなされるということです。

表　農薬中毒での死者

パラチオン剤による死者（人）

年	散布中の死者	自殺者
1952		5
1953	70	121
1954	70	237
1955	48	462
1956	86	−
1957	29	519
1958	35	522
1959	26	470
1960	27	468
1961	32	470
1962	25	434
1963	20	371
1964	14	315
1965	15	293
1966	12	253

たとえば、農薬万能の時代には、害虫や病気に効果があればいいという理論で農薬は開発されましたので、農薬を散布すると天敵が影響を受けて、むしろ田畑の生態系は不安定になって、害虫が大発生しやすくなるというような事実は見過ごされてきました。現在でも全国各地に設けられた「病害虫防除所」の病害虫発生予察調査では、天敵の調査はなされていません。まして「ただの虫」への影響などは、現在でもほとんど研究されていないのです。それは、これまでの時代では仕方がなかったと思います。

米の増産時代（１９５０～１９６８年）には、増産の技術だけが研究開発され、生きものや百姓の生きがいを守る技術は開発されませんでした。米の増産だけが価値のあることだと、信じて疑わなかったのです。そのために多くの百姓が農薬によって命を落としました。上の表は、パラチオンという一つの種類の農薬だけで、どれだけの人間が亡くなったかを示しています。今日、こういう事態が生じたら、国民挙げて非難するでしょうが、当時はこれがあたりまえだったのです。現代の若者には理解できないでしょう。

ここで、重要な事実に気づきます。すべての技術は科学的な裏付けがあるとしても、その裏付けは一面的なものが多いということです。その技術を研究し、生み出してきた思想にとっては正当なものでも、別の思想から見ると、とんでもないものであることは、現代でよくあることです。またその時代にはまともだと思われていたことでも、時代が変われば、間違っていたことも少なくありません。技術は決して普遍的ではないのです。

6 仕事は目的としないものも生産する

一応、科学技術は理性的なもので、意識的なものだとされています。しかし、その技術がもたらす影響はその理性や意識でもなかなか把握できないのが普通です。このことが科学不信の一つの原因となっています。この裏返しのことが、仕事で生じています。

そこでひとつ質問をしてみます。「赤とんぼを育てる稲作技術が行使されているわけでもないのに、赤とんぼが田んぼで生まれているのはどうしてでしょうか」

あなたならどう答えますか。私の答えは、「赤とんぼを育てる技術ではなく、赤とんぼを育てる百姓仕事（代かきや田植えや田まわりなど）が行われているから」というものです。つまり百姓仕事は意識していないめぐみを引き出しているのです。赤とんぼは仕事の目的として意識していないのですから、当人にも育てているという自覚はありません。当人も自然に生まれてくると感じているのです。

この問いに対するこれまでの一般的な答えは「それは自然現象だから」「それは田んぼにそういう機能があるから」というものでした。これで回答できたとして、それから先は、思考停止に陥ってしまいます。これでは赤とんぼは農業生産物ではないと主張しているようなものです。断っておきますが、赤とんぼは一つの典型で、他の生きものと置き換えることができます。

これは思想的には大きな難題を抱え込むことになります。なぜなら同じような性質の質問をしてみましょうか。

「人間は米をつくれないのに、田んぼで米が穫れるのはどうしてでしょうか」

この質問への答え方は、前問とはかなり違います。「それは自然のめぐみだからだです」という伝統的な答えで満足できずに、「人間が稲作技術を行使しているからです」と科学（農学）は一歩踏み込んだ答えをするようになったのです。なぜなら「自然のめぐみ」というとらえ方では「農業生産」の学は成立しないからです。つまり日本の農学（科学）は、ここから新しい世界を、自然中心ではない、新しい人間中心の世界を切り開いていったのです。その成果が「米をつくる」という現在では誰でも疑問を持たずに発する言葉に表れています。私はこのことを批判しているのではありません。

米は稲作技術によって生産しているのに、赤とんぼはそれを育てている技術が見つからないから、生産ではないという論理はどこかがおかしいと思うのです。どこがおかしいのでしょうか。農業技術は目的としたものしか生産しません。そういう定義を伴って、工業技術から導入された言葉だということは前に説明しました。したがって技術では、農業のしくみは扱うことができないのです。

なぜなら農業生産とは、工業のように人間が全行程を管理することができないからです。そこで、自然のめぐみの中から食料（米）だけを取り出して、米の生産に限定して目的と定めに、「技術化」したのです。これは成功したように見えました。それにもかかわらず、自然は健気に、農業技術が目的としていないものまで、もたらしてくれていたからです。それに安住していた、あぐらをかいていた、と言えるのではないでしょうか。

そこで私は技術ではなく、「仕事」の論理でこれをとらえようとしました。赤とんぼを育てる技術はないが、百姓仕事はある、という言い方で、新しい答えを出したのです。つまり、自然に働きかける百姓仕事がなければ、つまり代かきや田植えや田まわりがなければ、赤とんぼは育つことはできません。つまりこれは自然現象ではなく、百姓仕事という人為が不可欠です。

さて、これから先が難しいところです。それでは自然のめぐみのうち、コメは技術化できたのだから、本体の自然環境の保全も技術化できるのではないかということです。断っておきますが、無農薬技術でそれができるというのは、ほとんど虚妄です。無農薬技術では、農薬を使用していたときの影響をなくすことができるだけであって、農薬で滅んだものまでは復活できませんし、そもそも農薬とは関係のない世界までは保全できません。私は有機農業技術や減農薬農業技術を批判しているのではありません。その限界を指摘しているだけです。

自然を支える百姓仕事を農業技術にできないか

くり返しましょう。このように百姓仕事とは、本人が意識していないのに、自然から様々なめぐみを引き出してしまいます。目的としていないものまで引き出してしまうのです。そのうちのコメだけを目的にしたときから「稲作技術」が生まれました。コメは農業生産と認知されるからです。そこで、自然環境も立派な農業生産だと位置づけることはできないでしょうか。

そのためには赤トンボを育てる農業技術を形成すればいいのです。私はこれからの環境農業技術の目的は、「そこに、いつも、あたりまえに生きものがいるようにすること」だと思います。私などは、自分の住む世界に変化がないことが一番いいに決まっていると思っています。しかし農業も近代化によって生産性を追求するようになると、田畑の環境も変化して不思議ではなくなってきました。その変化が農業にとっては、望ましいものかそうではないのか、どうやって決めればいいのでしょうか。私は、この変化に百姓が危機感を抱いているかどうかで決まると思います。

ところが、農業の近代化とは、百姓にそういう危機感を抱かせないようなシステムを装備していたのです。近代化によって田畑の自然生態系が変化することに、目を向けさせない構造があったのです。

一番わかりやすい農業技術の例で説明しましょう。殺虫剤散布という農業技術が行使されるとします。当然その結果、害虫にちゃんと効果があったかどうかをつかむことは技術に含まれています。ところが「ただの虫」への影響をつかもうとするまなざしは技術のどこにもありませんでした。これを私は「環境把握技術の不在」として痛烈に批判してきました。「虫見板」で害虫だけでなく「ただの虫」も観察してきたからこそ、言えることだったのです。

そこで、私の当初の目論見は「生きもの調査」を「環境把握技術」として、農業技術に組み込むことでした。たしかに、生きもの調査の結果、ただの虫に代表される田畑の自然生態系へのまなざしは形成され、百姓仕事によって自然生態系が支えられていることが少しずつ明らかになってきました。ところが、生きものを保全する農業技術の形成は簡単ではありませんでした。その理由は三つあります。

①百姓仕事によって育っていることはわかったとしても、百姓仕事のどの部分の、どういう作用によって、その生が支えられているのかが完全にわかることは少ないのです。仕事とは、そのように分解できないものなのです。「農薬をやめれば生きものは増えてくる」というような程度の認識では、技術化はできません。

たとえばただの虫で、よく目につく2㎜ほどのチビゲンゴロウをとりあげてみましょう。この虫が田んぼで生きているのは、農薬の影響を受けずに、代かきや田植えや田まわりによっ

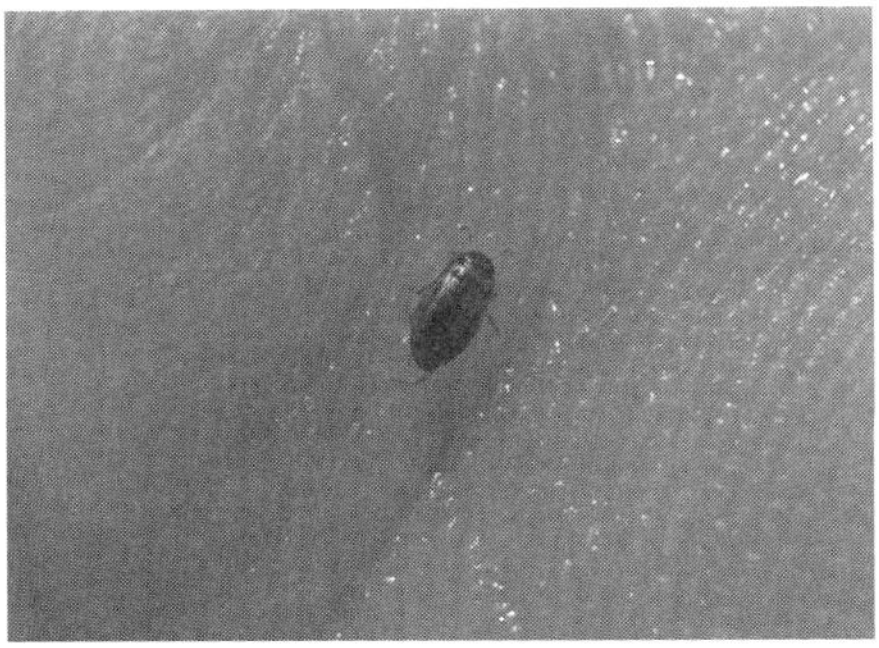
手のひらのチビゲンゴロウ

て、田んぼに水がいつも溜まっており、餌が多いためだと思われますが、それではこのチビゲンゴロウが多い田んぼと少ない田んぼがあることの原因まではわかりません。したがって、チビゲンゴロウを増やす技術が形成できないのです。

②そもそもチビゲンゴロウを育てることを目的とする農業技術は現代社会から要請されていません。要請されていないから、チビゲンゴロウと農業生産の関係についての研究やチビゲンゴロウを育てる技術開発に研究予算がつくこともないし、そういうことは「無駄な研究だ」として葬り去られるでしょう。つまり、まだまだチビゲンゴロウを育てることが農業の目的、農業技術の目的、百姓仕事の目的だと認知されていないのです。こういう時代の中で、技術化が難産するのは当然だと言えるでしょう。

③じつは「生物多様性」が大切だと主張している人たちも、こうした技術の形成に本格的に取り組むことは、農業生産の生産性を落とすことになる、と気づいているのです。そこで農業生産自体の大転換を果たさなければならなくなるのですが、このことが思想的にも、政治的にも、文化的にも簡単ではないのです。

ためしに百姓に「これからはチビゲンゴロウを大切にする農業に転換しなければなりませ

ん」と言おうものなら、「あなたは農業が置かれている困難な状況がわかっているのか」「これ以上、百姓に新たな負担を押しつけようとするのか」と一蹴されるでしょう。さて、どうしたらいいのでしょうか。

生産の定義を変える

やっと私が最も重要だという問題にたどり着くことができました。それは、農業とは農産物などの「農業生産」を行う業である、という「農業生産」という考え方がほんとうは間違っていたのではないかということです。もう少し穏やかに言うなら、これまでの「農業生産」の定義は、いつのまにか狭くなってしまっていて、本来の農の一部にしか目が届かなくなっていたのではないか、ということです。生業のところで説明したように、農業は食べものだけを自給していたのではありません。ところが農業を産業として見てくると、農産物のような経済価値だけに着目するようになります。農業のうち経済価値を生み出す部分を技術にして、その部分を「生産」と呼ぶようになったのです。

その「部分的な生産」をことのほか増大させることによって、農業も発展するという見方が近代化社会の主潮として、私たちに教育されてきました。しかし、カネにならない価値を生み出す百姓仕事も技術化することだって必要なのです。

そこで、これまでの考え方を整理しておきましょう。

①これまでの常識・定説

1【生産とは】経済的なものを生み出すことが生産である

2【技術とは】技術は目的とするものを生産する方法である

3【農業とは】農業は農業技術を用いて農業生産を行うことである

ところがこれでは、自然環境を支えている百姓仕事や自然に対する人間の情愛は扱えないのです。そこで私は、

②宇根の新提案（農文協『百姓学宣言』による）

4【生産とは】生産とは、カネにならないものも含む

5【仕事とは】百姓仕事は目的としないものも自然から引き出す

6【農業とは】農業とは、百姓仕事によって、自然のめぐみをくり返し生産する

そしてこの本ではもう一歩進めて、というか、もう一度技術を重視する人たちと同じ土俵を形成するために、

③さらに技術へと回帰する

7【生産とは】生産とは、カネにならないものも含む

8【技術とは】新しい農業技術はカネにならないものも目的とする

9【農業とは】 農業は新しい農業技術によって、カネにならないものも生産するとしてみたいのです。ずいぶん、世間の常識に戻ってきたような印象をもたれればいいのですが、どうでしょうか。技術ではなく仕事が大切だと主張していた私が、また技術も大切だと言い始めたのは、妥協や腰砕けではなく、技術の中にも新しい可能性を探ろうと思ったからです。そうすることによって、百姓仕事の豊饒さに技術も気づいてほしいのです。また百姓仕事の豊かな一端を科学的にも表現したいのです。

今年も稲刈りの時に茅ねずみの巣を見つけました。稲の葉を細く裂いて直径6㎝ぐらいの球状にしたものが稲の穂の下あたりについています。これまでもときどき割って中を見てきましたが、みな空になっていました。今年は稲刈りが早くなったので、一つだけ中に生まれたばかりのまだ目もあいていない、体毛も生えていない子ねずみが8頭いました。そっと畦の草の上に置きましたが、数日後のぞくとみな死んでいました。稲刈りが数日遅ければ巣立つことができたのかもしれません。

茅ねずみの巣と子ねずみ

これを技術としてとらえると、これまで見えなかったことが見えてきます。稲刈りが早い早生の田んぼでは茅ねずみは生きられないということです。巣をつくる前（9月）に稲がなくなるからです。次に中生種、晩生種では巣をつくれますが、巣立つ前に稲刈りをすると子育てできなくなります。しかもコンバインでは子どもも機械の刃にかかって死ぬでしょう。茅ねずみは各地で絶滅危惧種に指定されるぐらい減っています。もし茅ねずみを保護することが要請されるなら、茅ねずみの生に適した品種の選定と稲刈り技術が求められ、形成されることになります。

何を言いたいのかというと、こういう技術要請がなければ、茅ねずみに対するまなざしが衰えていくということです。私は手刈りとバインダー刈りですので、茅ねずみの巣にも気づくのですが、コンバインの運転では気づかないでしょう。だからこそ、茅ねずみを守る稲作技術を形成しないと、この近代化技術の欠陥を埋められないのです。

このねずみを育てる技術があれば、コンバインで刈っていても、この時期に刈れば茅ねずみはもう育っているな、と思うことができれば、そういう新しい技術が形成できた証拠です。コンバインで刈ること自体は近代化技術ですが、茅ねずみを思う気持ちが加わることによって、茅ねずみへのまなざしが育つことで、コンバイン刈りという技術は稲刈りという百姓仕事に引き戻され、近代化技術の暴走に歯止めをかけられるのです。

つまり、カネにならないものを生産する技術の形成は、農業技術と百姓仕事の橋渡しを行うことになるのではないかと期待するのです。

5 章

農業の近代化はなぜ進められたのか

「ポストモダン」という言葉を聞いたことがありますか。もう近代化の時代は過ぎ去って、次のステップに入ったという意味です。ところが百姓の実感では近代化はまだまだ続いています。それはむしろ近年になって過酷なほどで、農業においてはやっと本格的になった段階です。この章では、近代化とは何かを問い詰めます。

田んぼでは風が見える

経済成長は希望だった

日本は「先進国」だと言われています。先進国とは経済発展が早くから行われている、先に進んでいる国のことです。先進国以外をかつては「後進国」と呼び、今では「発展途上国」と呼んでいます。要するに西洋から始まった「近代化」が進んでいる国が先進国で、まだ近代化が十分でない国が途上国なのです。ここには「近代化は人類にとっては進歩なんだ」という強烈な価値観が現れています。

たしかに産業革命がイギリスで始まり、科学が西洋で生まれて発展してきたからこそ、西洋諸国は強大になったのですから、近代化しなければ「国力」をつけることはできないように思えます。明治時代の日本の政府が近代化（当時は「文明開化」と呼んでいました）を成し遂げ、国力を増さないと、西洋列強の植民地になると焦ったのも無理がなかった思います。「殖産興業」という当時のスローガンがそのことをよく表しています。

しかも日本は「西洋以外で、それもアジアで、いち早く近代化に成功した国だ」と明治時代以降ずっと自慢し、また賞賛されてきました。成功したかどうかを計る物差しが「国力」でしょう。国力は経済力と軍事力で表されますが、軍事力もしょせんは経済力がないと充実できませんから、国力とは経済力だと言っていいでしょう。その経済力を計る物差しが、「国民総生産」（GNP）というものです。現在の日本の国内総生産（GDP）は539兆円（2010年）で、2009年には中国に抜かれて、世界第3位に落ちたそうです。

工業は明治以来、着々と拡大し発展してきました。その結果、日本はこれだけの経済力をつけることができたのです。それに引き替え、農業の近代化は工業ほどには進展しませんでした。それは当然のことです。まず工業の興隆がなければ、農業の近代化はできません。なぜなら、農業は天地のめぐみを引き出す仕事ですから、天地は近代化できないとすれば、めぐみを引き出す手段を近代化・工業化するしかないからです。ちなみに農業の国内総生産額は8兆円（2012年）ですから、GDPの2％にすぎません。たぶん江戸時代には80％ぐらいだったのではないでしょうか。

農業の近代化はどのように行われてきたのでしょうか。近代化が本格化した戦後の農業を例にとって考えてみましょう。近代化の方法は、まず「近代化技術」というものを村の中に普及させることでした。(1)それまでの堆肥などの肥料を化学肥料に置き換えること、(2)農具を農業機械にすること、とくに人力や畜力を動力機械に置き換えること、(3)田畑を広くすること、(4)栽培法の工夫で防いでいた病害虫や雑草を、農薬に置き換えること、でした。それが可能になったのは、経験に支えられた仕事ではなく、科学的な根拠に基づく近代化技術が開発されてきたからです。

次に「農業経営」という概念を村に持ち込むことでした。それまでの自然との関係を主として、ひたすら「手入れ」することによって、自然からのめぐみをいっぱい引き出し、充実感を得るという体質を、「農業所得＋利潤＝農業粗収益－経営費」という図式で、整理しようとしたのです。いくら収穫高が多くても、経費が多くかかったり、労働時間が多いのでは、所得は増えませんよ、利潤は出ませんよ、という教育が行われました。

これは工業ではとっくの昔に行われていたことですが、農業では不十分だったのです。たとえば「豊作」と「多収」を比べてみましょうか。豊作は自然のめぐみが豊かにもたらされることです。もちろん自分の手入れの成果でもありますが、何よりも自然への感謝の気持ちがこみ上げてきます。一方の「多収」はまず生産量という数字で表されます。そして何よりもそれは技術の成果として評価されます。人間の力で勝ち取った収穫物なのです。さらにこれはカネに換算されて、単位面積あたりの金額、労働時間あたりの金額というように比較することができるようになります。

これは仕事と技術の関係に似ています。このように近代化とは、いつのまにか自然観の転換も要求し、体得させていたのです。しかし、このように近代化することによって、ほんとうは何を目的にしたのでしょうか。農業の総生産額を増やすためではありませんでした。なぜなら生産性の低い作物は次々に衰退させられていったからです。前に述べたように、一戸一戸の自給も廃《すた》れていきました。ほんとうの狙いは、労力を減らして、百姓の数を減らして、その労力を都市の工業に回すのが目的だったのです。いわゆる1960年代から始まった高度経済成長を進めるためにはこの労働力が必要だったのです。農業の近代化は工業を発展させるための社会システムをつくりあげるためだったのです。

まあ、政府はこんな露骨な言い方はしません。農業と工業（他産業）との格差をなくすためだと説明しました。社会の表面もそう見えました。

ところが、農業・農村、百姓はそんなに近代化を求めていたとは思えません。よく、農業は三重苦にあえいでいる、かつては「百姓の暮らしは貧しく、農村は不便で、百姓仕事は重労働の連続である」と言われてきました。しかし、ほんとうにそうだったのでしょうか。むしろこれは一つの偏った見方、つくられた物語だったのではないでしょうか。こういう物語で理論武装しないと、農業や農村の近代化はできなかったのです。

ある除草剤研究者の独白です。「草とりで腰が曲がってしまった母親を見るたびに、このきつい過酷な苦役労働からの解放こそが農業の発展になると考えて、除草剤の研究開発に邁進したのです」。これは近代化（ここでは除草剤という技術）を擁護し、かつ美化する物語でしょう。こういう視点では、腰が曲がっていた母親が、ほんとうは草を相手とし、草を友とし、草とり仕事に没頭し、草に言づけしていた豊かな世界に生きていたことは見えるはずがありません。除草剤を使用する近代化技術が、草を駆除・排除・防除の対象として敵視していく異常な精神を、百姓に植えつけてきたことへの反省が彼らの農学にはありません。

前に紹介したように、近年田んぼの畦にまで除草剤が使われ始めて、それを進めてきた農政担当部局すら「緑の畦づくり運動」（新潟県）を提起しなくてはならなくなった現状をどう考えたらいいのでしょうか。生産性を求めすぎて、それ以上は越えてはならない一線を越えてしまったのです。その越えてはいけない一線がどこにあるかを考えないといけないのに、全く考えようともしなかったのは、近代化そのものがいいことだという思い込みがあったからです。

その越えてはいけない一線とは何なのでしょうか。これはなかなか難しい問題です。私はその目安は「生きものの生は近代化できない。生きものの生には生産性は要求できない」ということにあると思います。畦草を刈るという技術は、その道具が刈り払い機に「進歩」しても、まだまだ鎌で刈っていたときの延長で、草そのものの生を奪うことにはなりません。毎年ちゃんと草は生えてきていました。ところがこれがモア式（刈り刃をトラクターに装着し、動力によって駆動）になると、巻き込まれて死ぬ蛙が増えてきて、一線を越えそうになりました。それでも、まだ逃げおおせる蛙の方が多く、どうにか一線を越えずに済んでいます（これは楽観すぎるという批判もありますが）。

ところが除草剤を畦に散布すると、多くの草が枯死します。もちろん草の種子は数年間は土の中に残っていますから、翌年除草剤を止めればまた復活するかもしれませんが、たぶんまた翌年も、そして再来年も除草剤は散布されるでしょう。そうするとある種の草はその畦から絶滅し、除草剤に強い草や草がないところに侵入してくる外来種などが増えてくるでしょう。それまで安定して生をくり返していた畦で、遷移が始まるのです。これは明らかに一線を越えています。

「しかし田んぼの中では、もう50年以上も除草剤が使われているではないか」という批判は、正しい批判です。田んぼの中ではとっくに一線を越えてしまっているのです。それはそういう一線を考えることなく「重労働からの解放」という近代化思想が浸透していったからです。だからこそ、せめて畦だけはと、抵抗したいのです。あるいは畦では、そろそろ一線を引こうという気持ちが出始めているのです。近代化も行き着くところまで行くと、その限界や弊害が見えてくるのです。遅きに失しているかもしれませんが、やらないよりはいいと思います。

近代はどこから来たのか

それにしてもよくよく考えると不思議なことがあります。世の中は進歩する、発展するという考え方は正しいのでしょうか。普遍的なのでしょうか、と言い換えてもいいでしょう。あるいは昔からそうだったかと言えば、決してそうではありませんでした。弥生時代から江戸時代まで、米の反収（1反、３００坪、約１０００㎡あたりの収穫高）は２００kgあまりで、ずっと変化していません。これを「停滞していた」「遅れていた」と感じる気持ちは、近代化された社会の特徴です。

最近こそ、江戸時代はエコロジーの時代だったとして見直されていますが、一昔前まではほとんどの人が封建制度の時代で、旧習がはびこる遅れた時代だと見ていました。それが見直されたのは、近代化が進みすぎて、その弊害が出てきて、反省が始まったからでしょう。あるいは近代を進んだ時代だとする考え方に違和感を持つような人が現れてきたからでしょう。ただその反省を西洋人は早くから始めていたのです。その証拠を見せましょう。

明治11年（1878年）4月、一人の英国人女性が日本にやって来ました。47歳だったイザベラ・バードは一人の日本人の青年を通訳に雇って、毎日馬を乗り継ぎ、東北から北海道を旅行したのです。そして12月に離日するまでの旅行記が英国で出版され、評判になりました。

近年、日本でもこの本が見直されているのはどうしてでしょうか。その理由は二つあります。まず、日本人にとってはあたりまえすぎて記録することなどないことが、外国人のまなざしでは新鮮だから事細かに記録されていることです。まるでタイムマシンに乗ったような気になります。たとえば、浮浪者や乞食が一人もいないこと、蚤や蚊を気にしていないこと、みんな礼儀正しく深々とお辞儀をすること、馬の方が主人よりも良い生活をしていること、どの村にも鶏はたくさんいるが、それを殺すと言うと、人々はいくらおカネを出しても売ってくれないこと、子どもがうるさかったり、言うことを聞かなかったりするのを見たことがないこと、などです。

次に、当時すでに近代化を成し遂げていた英国人が、近代化されていない東北・北海道の農村の生活をどうとらえたかがよくわかることです。それは彼女自身の思想をあぶり出すことになっています。彼女は揺れ動いているのです。あまりにも近代化が遅れていることへの同情と、近代化されていないことへの安心との間で苦悶している様子がよくわかります。たとえば、日本の農婦が馬子を勤めてくれたときの足どりの達者ぶりをたたえた後に、「きついスカートとハイヒールのために文明社会の婦人たちが痛そうに足をひきずって歩くよりも、私は好きである」「日本人は和服をつけると美しく威厳を増すが、洋服をつけると猿に似て見えた」と言っています。

みなさんは意外に思うでしょうが、近代化される前の日本は「世界中で日本ほど、婦人が危険にも不作法な目にもあわず、まったく安全に旅行できる国はないと私は信じている」と彼女に言わせるほどの社会だったのです。

私は村の風景の記述がじつに多いことに打たれました。それほど日本の風景が美しかったのでしょうが、「風景は旅行者が発見する」という原理は正しいと再認識しました。村の百姓にとっては、風景などはそこにいつもあたりまえにあるもので、特段意識することもなかったのです。たぶん持病持ちの彼女をいちばん癒やしたのは、かつてこの国に充満していた田舎の美しい風景だったでしょう。荒れた田畑があふれる現代の近代化された日本国が失ったものです。彼女はきっぱりと書いています。「草ぼうぼうのなまけ者の畑は、日本には存在しない」

と。（イザベラ・バード『日本奥地紀行』高梨健吉訳、２０００年　平凡社ライブラリー）

このように幕末から明治初期に日本を訪れた西洋人の多くは、産業革命を経て近代化を進めている自分の国の状況と比べて悩むのです。それは日本が近代的な物質文明は何もないのに、とても清潔で、風景が美しく、乞食が少なく、子どもや女性が大切にされており、人々が礼儀正しく、楽しそうに暮らしている様子に衝撃を受けるのです。なぜなら、当時のヨーロッパは、町は汚く、失業者も多く、人々は幸せとは言えなかったからです。

つまり、すでに近代化文明に対する反省が始まっていたのです。ところが当時の明治政府の役人は、こういう西洋人の態度に不満をぶつけます。「あなたたちは、日本の遅れたところばかりを褒めるが、日本だって鉄道を引き、製鉄所や紡績工場を建設し、西洋に追いつこうと、開化に励んでいるんです。どうしてそういう面は褒めてくれないのか」と言うのです。

同じようなことが、現在でも世界で起きています。先に近代化を進めた国は、それだけ早く近代化の弊害に直面するのです。そして近代化されていない国のあり方に、郷愁を感じるのです。それはどうしてでしょうか。なかなか難しい問題です。私は近代化とは、それまでの自然に包まれていた人間が自然を克服する手段とシステムを開発したところに、すごさと問題があったと思うのです。簡単に言ってしまえば、人間は人間の欲望を全面的に肯定できるようになり、それを自然にも適応することに躊躇しなくなったのではないでしょうか。

しかし、考えなくてもわかることですが、人間の営みは近代化できますが、赤とんぼや蛙の生は、自然は近代化できるはずがないでしょう。農はこの矛盾を抱え込まざるを得なくなったのです。これが現代の農の最も深く大きい哀しみなのです。

農業の近代化（構造改革）はやらねばならないのか

農業の近代化が進まなかったのは、農村が「封建的」で遅れていたのでもなく、百姓が物質文明に反感を抱いていたのでもありません。百姓の相手である自然が近代化を受けつけにくかったからです。これを「自然の制約」として否定的にとらえるのは、じつは近代化したいという人たちに共通に見られる思想です。むしろこの世界には、近代化を拒否する世界もあることに目を向ける方が、近代化を御していく良策ではないでしょうか。

産業構造を工業を中心にするように転換しないといけないというのは、明治時代からの政府の願望です。江戸時代までの農業を土台にした社会では、工業・商業は発展しませんし、経済成長も遅く、国力（GDP）は高まらないからです。だからといって、農業にまで他産業並みの効率を求めるのは、ほんとうに正しいのでしょうか。

昭和36年（1961年）に制定された「農業基本法」の前文は、次のように宣言しています。

「農業の自然的経済的社会的制約による不利を補正し、農業従事者の自由な意志と創意工夫を尊重しつつ、農業の近代化と合理化を図つて、農業従事者が他の国民各層と均衡する健康で文化的な生活を営むことができるようにする」

そして第1条では、

「国の農業に関する政策の目標は、農業及び農業従事者が産業、経済及び社会において果たすべき重要な使命にかんがみて、国民経済の成長発展及び社会生活の進歩向上に即応し、農業の自然的経済的社会的制約による不利を補正し、他産業との生産性の格差が是正されるように農業の生産性が向上すること及び農業従事者が所得を増大して他産業従事者と均衡する生活を営むことを期することができることを目途として、農業の発展と農業従事者の地位の向上を図ることにあるものとする」

要するに、近代化によって、自然の制約を克服し、他産業との格差を埋めることが、農政の目標だと言うのです。この基本方針は、基本法が変わった現在でも堅持されています。

農業では近代化されるまでは、失業することはありませんでした。むしろ不況のときは、都会で失業した人が村に帰って暮らすことも多かったのです。現代でも、定年を迎えた人たちが帰農したり、若い人でも失業した人が、一時的に村に里帰りしています。また失業者を減らすために、百姓が人を雇うこと、とくに農業研修生を受け入れることに対して、助成金が払われています。もっとも、こういう助成金がなくては、まともに賃金を払うのはなかなか骨が折れる状況です。

農家なら、都会から失業した子どもや孫が戻ってきても、暮らしには困りません。食べるものがあるということもありますが、何よりもいくらでも仕事があるからです。それが都会の労働者並みの賃金を払えるかどうかは別として、カネにならない仕事はいっぱいあるからです。つまり、近代化しない生業部分が残っているからです。

生産性という考え方は正しいか

近年の農林水産省の基本政策は、農業基本法の時代よりも、さらに近代化思想が過激になっています。ことあるごとに「生産性の高い農業の実現」が叫ばれています。「環境保全に配慮した生産性の高い農業」（諫早湾干拓の目的）という言い方でもわかるように、生産性の低い農業など眼中にありません。しかし、この「生産性」という考え方は新しいもので、伝統的な思想ではありません。そもそも、天地（自然）からのめぐみに生産性を問うことは、天への不当な要求と見なされ、天罰が下っても文句は言えないでしょう。ところが戦後の米の増産を土地生産性の向上と位置づけたときから、事情が変化してきました。「増収」をあたかも百姓の根源的な欲求、つまり本性だと説明するようになったときから、この思想が村に舞い降りてきたのです。

増収は百姓の本性でしょうか。「百姓だって、豊作は嬉しいでしょう」と言う人がいますが、「豊作」と「増収」は似て非なるものです。豊作は天地からのめぐみに期待し、祈り、感謝する受け身の姿勢です。受け身だからと言って、軽視してはいけません。それだけ深い天地と人間の関係があったからこそ、豊作は実感が湧いたものです。お返ししなければ、という気持ちも強まりました。現在政府などの公的機関が稲の作況指数を調査して、予想が平年の102％を超えそうなときには「やや良」と表現し、「今年は豊作です」と報道しますが、この場合の豊作は、量的な収穫高が多いということですから、「多収」のことにすぎません。

明治時代以降、近代化によって、人口がどんどん増えてきました。現在の人口は明治当初の約3倍です。日本は恒常的な食料不足になってしまいました。そこで食料の増産が大きな課題になったのです。とくに戦後は米の増産が政府の政策の中でも重視されるようになりました。これはとても異常なことでした。「米自給は民族の悲願」なんてことはありません。江戸時代までは自給していたからです。それに日本人は米だけを食べていたのではありません。米の他にも麦や蕎麦や粟や稗や黍や芋を主食として、ちゃんと食べていました。それなのに米が「主食」になってしまったのは、麦の輸入を容認してしまったので、米しか政策目標にできなかったのです。

米の増産・増収・多収が官民挙げて取り組まれたのが、昭和20年（1945年）から30年代

表　米の反収の推移

年次	11a当たり収量（kg）	年次	11a当たり収量（kg）	年次	11a当たり収量（kg）
明治16（1883）	178	大正13（1924）	283	昭和40（1965）	390
明治17（1884）	158	大正14（1925）	291	昭和41（1966）	400
明治18（1885）	198	昭和元（1926）	272	昭和42（1967）	453
明治19（1886）	216	昭和2（1927）	301	昭和43（1968）	449
明治20（1887）	230	昭和3（1928）	291	昭和44（1969）	435
明治21（1888）	218	昭和4（1929）	289	昭和45（1970）	442
明治22（1889）	184	昭和5（1930）	318	昭和46（1971）	411
明治23（1890）	238	昭和6（1931）	262	昭和47（1972）	456
明治24（1891）	211	昭和7（1932）	286	昭和48（1973）	470
明治25（1892）	229	昭和8（1933）	345	昭和49（1974）	455
明治26（1893）	205	昭和9（1934）	253	昭和50（1975）	481
明治27（1894）	234	昭和10（1935）	276	昭和51（1976）	427
明治28（1895）	219	昭和11（1936）	323	昭和52（1977）	478
明治29（1896）	198	昭和12（1937）	321	昭和53（1978）	499
明治30（1897）	181	昭和13（1938）	316	昭和54（1979）	482
明治31（1898）	257	昭和14（1939）	333	昭和55（1980）	412
明治32（1899）	214	昭和15（1940）	298	昭和56（1981）	453
明治33（1900）	224	昭和16（1941）	269	昭和57（1982）	458
明治34（1901）	252	昭和17（1942）	329	昭和58（1983）	459
明治35（1902）	199	昭和18（1943）	313	昭和59（1984）	517
明治36（1903）	249	昭和19（1944）	304	昭和60（1985）	501
明治37（1904）	275	昭和20（1945）	208	昭和61（1986）	508
明治38（1905）	203	昭和21（1946）	336	昭和62（1987）	498
明治39（1906）	244	昭和22（1947）	311	昭和63（1988）	474
明治40（1907）	258	昭和23（1948）	342	平成元（1989）	496
明治41（1908）	272	昭和24（1949）	322	平成2（1990）	509
明治42（1909）	273	昭和25（1950）	327	平成3（1991）	470
明治43（1910）	242	昭和26（1951）	309	平成4（1992）	504
明治44（1911）	267	昭和27（1952）	337	平成5（1993）	367
大正元（1912）	258	昭和28（1953）	280	平成6（1994）	544
大正2（1913）	255	昭和29（1954）	308	平成7（1995）	509
大正3（1914）	290	昭和30（1955）	396	平成8（1996）	525
大正4（1915）	282	昭和31（1956）	348	平成9（1997）	515
大正5（1916）	292	昭和32（1957）	364	平成10（1998）	499
大正6（1917）	274	昭和33（1958）	379	平成11（1999）	515
大正7（1918）	273	昭和34（1959）	391	平成12（2000）	537
大正8（1919）	302	昭和35（1960）	401	平成13（2001）	532
大正9（1920）	311	昭和36（1961）	387	平成14（2002）	527
大正10（1921）	271	昭和37（1962）	407	平成15（2003）	469
大正11（1922）	300	昭和38（1963）	400	平成16（2004）	514
大正12（1923）	272	昭和39（1964）	396	平成17（2005）	532

注：米の反収（ここでは1反ではなく、10アールあたりの収穫量）

です。その結果、昭和43年（1968年）に米は再び、自給できるようになりました。それは田んぼを増やしたせいもありますが、反収の増加がめざましかったからです。

これこそ日本の「土地生産性」の高さだと褒め称えられた成果でした。この時代には、コストはどれだけかかっても、収量を増やせばよかったのです。まだまだ、天地のめぐみをどれだけ経費をつぎ込んでも増やすんだという伝統的な自然観の方が優先して、労働生産性やコスト意識などは無視されていました。それが投入した経費に対して収穫高が高いことを意味する「生産性」という言葉が登場するのは、1980年代になってからです。

何が変化したのでしょうか。

三つの原因があります。まず、工業からの生産性という考え方の導入が本格的に始まったのです。人間が生産工程を管理して、効率を計算する経営感覚が普及してきました。「産業として自立」するための最終局面を迎えたのです。

次にその結果、農業生産を天地からのめぐみという思想でとらえるのではなく、人間が生産するというように、人間中心主義の自然観が徐々に強まってきたのです。

これらの要因を促したのは、百姓と農地の減少がさらに進み、反対に農産物の輸入が増えたためです。外国と比較して「国内農産物は価格が高い」のは、経済格差ではなく、日本農業の生産性が低いからだ、という主張が一定の支持を得てきたのです。

ここで大事なことは、この「生産性」という思想は、自然環境とは切り離されていることです。つまり生産性を追求することと自然環境を守ることは別問題であって、生産性を追求したからと言って、自然環境が破壊されることはないという立場なのです。これは生産が自然環境からのめぐみであるという大前提が無視されています。かなり極端な近代化思想ではないでしょうか。いや、むしろ近代化は、工業を手本にした経済学では、ここまで行き着くものだという証明でしょうか。

近代化で見失った世界

印象的な思い出を語りましょう。ある村で生きもの調査を終えた後、一人の百姓が「太鼓打《たいこうち》を30年ぶりに見た」と仲間の百姓に触れまわっていたのです。60歳ぐらいの人だったので、私は「あなたは30年ぶりに見たかもしれないが、太鼓打はずっとあなたのことを見ていたのに、あなたが見向きもしなかっただけだろう」と茶化しました。すると彼は「そうなんだ。おれは30年間何を見てきたんだろう」と真顔で答えたのです。

30歳から60歳まで、百姓として一番、脂の乗った時期に彼のまなざしは、太鼓打ではなく別のところに吸引されていたということでしょう。彼だけではない、日本のほとんどの百姓がそうだったのです。それは農業の近代化によって誘導されたものです。生きとし生けるものへのまなざしが奪われただけでなく、田んぼの世界全体をとらえる習慣が失われたのです。しかし彼には、30年ぶりに戻ってきたものがありました。

この太鼓打を赤とんぼに置きかえるとどうなるでしょうか。60歳以上の百姓に「赤とんぼは好きですか」と尋ねると、ほとんどが好きだと答えます。ところが青年たちに尋ねると、圧倒的に「何とも思わない」という回答が返って来ます。同じように「今年は赤とんぼを見ましたか」と地元の小学生に尋ねると、「見てない」と答える子どもも3割はいます。これが、赤とんぼなどを見ている暇はない現代社会の姿です。しかし、悲観することはありません。

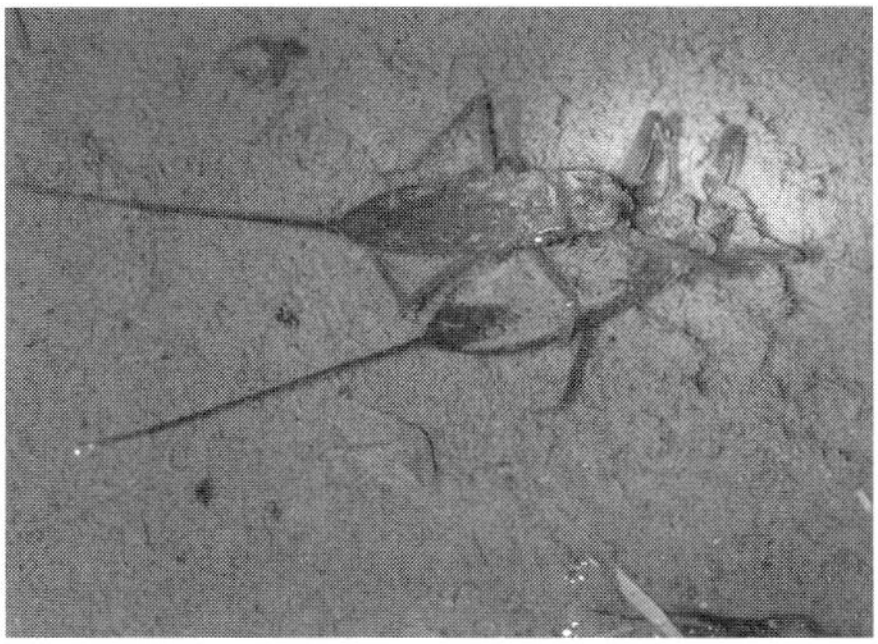
タイコウチはオタマジャクシなどが大好物

別の証拠を示してみましょう。田んぼの「生きもの調査」に支援金を支払う福岡県の事業に参加した百姓にアンケートをしたことがありました。生きもの調査に取り組んだ後では、「田まわりの際に、意識して見るモノが変わりましたか」「落水するときなどに、生きもののことが気になるようになりましたか」という質問に半数以上の百姓が「そう思う」と答えるようになっているのです。（7章149ページ表参照）
私はここに、これまで近代化技術が手を着けてこなかった大切な世界が眠っていると思います。もしこれから生きものを育てる技術が生まれるとすれば、ここが母胎になると確信します。米（稲）を生産する近代的な農業技術であっても、ぜひとも、生きものへのまなざしを入れ込むのです。くり返しになりますが、自然に何らかの働きかけ（百姓仕事・人為）をして、もたらされたものは、すべて「農業生産」なのです。それに経済性や有用性があるかどうかは、ほんとうは二の次なのですが、少なくとも私たちはカネにはならないけれど、広くて、たおやかな有用性をそこに見ることができるようになりたいものです。その先頭に立とうとしているのが、生きものへのまなざしを取り戻した百姓なのです。

さて、日本の田舎の自然環境を「取り戻す」ときの手本（モデル・目標）になる直近の時代はいつなのか、というのはとても大切な視点です。それが江戸時代では、経験した人間がいないので、検証が難しくなります。そこで多くの年配の人たちがまだまだ生きものがいっぱいいた時代として思い出すことができる昭和30年代（１９５５年から１９６５年ぐらい）が候補に挙がります。当時の生きものの棲息データはあまり残っていませんが、思い出の中に、記憶の中に残っていることに頼らざるを得ませんし、そのことがデータよりも大切な気がします。この時期は私が15歳ぐらいまでの頃にあたります。たしかに田んぼやそのまわりの水路や溜め池や里山の生きものは、まだまだいっぱいいました。

私も父母に連れられて、山に柴刈りや落ち葉かきに行っていました。山の中の木の実や、キノコや山菜をとって帰ってきていました。昆虫採集に出かけても、カブトムシやクワガタや玉虫や蝶やトンボはよくつかまえることができました。あの時代が暮らし方としても、自然とのつきあいが残っていて、自分の人生の中でも最も「豊か」だったと思います。この郷愁にも似た思いは何なのでしょうか。

しかし、注意しておかなければならないのは、当時はあまりにも「近代化」が輝いていて、すばらしいものだと思われており、未来社会は近代化が進んで飛躍的に豊かな世界になるに違いないとほとんどの人が信じて疑わなかった時代でした。理想の世界は、未来にあったのです。ところが現在では、少なくとも自然環境については、理想の状態は未来ではなく、過去にあることは明白です。これはどうしてでしょうか。しかも、それは自然環境に関してではなく、社会の制度の多くの部分についても言えるような気がします。

おもしろい事例を考えてみましょうか。石垣の美しい棚田が目の前にあるとします。あなたは写真を撮ろうとしています。ところがその棚田の石垣の一部は崩れたのでしょうか、コンクリートブロックで補修されています。また脇には電柱が立っています。あなたはそのコンクリート部分を避けて、電柱も避けて、シャッターを切りたいと思うのではないでしょうか。しかしコンクリートブロックも、電柱も近代化の成果でしょう。きちんと受け入れるべきではないでしょうか。

ところが棚田百選に選ばれる地区では多くのところで、以前の石積みに戻しています。電柱を撤去しているところもあります。これはどうしてでしょうか。近代化される前の方が美しいと思うようになったからです。それにしてもなぜ、近代化が醜く見えるようになったのでしょうか。これはとても深い疑問です。なぜなら社会が進歩すること、発展することとは何なのかを問い直さないといけないからです。自然を守るということはここまで考えさせられます。このように社会のあり方の根底まで問い直すきっかけになるのです。

近代の鬱陶しさを超える

あれほど輝いていた近代化が、それは農業の近代化だけでなく、社会全体の近代化に広げても同じことが言えるのですが、現代では鬱陶しいと思うことが多いのはどうしてでしょうか。ここで言う近代化とは「近代の特徴」と言い換えてもいいのですが、①世の中は進歩するもの、進歩させないといけないものという考え方を土台に持ち、②そのためには資本主義を発達させ、ものごとの価値を経済価値を優先させるようにし、③それらの価値の最上位に国民国家の価値を置き、④もちろん個人を大事にしますが、それは自立した個人でないといけないし、国民国家の一員でないといけない個人です、それは⑤民主主義という多数決の議会制度によって守られてはいますが、⑥科学的な技術をことのほか重視する社会です。

このことはそれ自体は決して悪くはないのですが、なぜ現代では鬱陶しく感じるのでしょうか。その理由は、①日本人にとっては輸入された思想であり、あくまでも西洋のキリスト教の精神を土台とした文明であり、②資本主義経済の発達がすべての人を貧困から救うことにならないことが見えてきて、経済価値のない世界の崩壊に対して有効な手立てを打てないでいて、③国民国家の価値が優先されるあまりに地方や個人の世界が犠牲にされ、④多数決によって、少数派の意見は葬り去られ、大衆の欲望が謳歌されすぎ、⑤科学技術をコントロールする力を失い、⑥前近代のよさが継続されずに失われていくからでしょう。

さらにこの本の主題である、生きとし生けるものの互いへの情愛がないがしろにされていることが、鬱陶しさの原因ではないでしょうか。それでは、私たちはどうしたらいいのでしょうか。それを考え、実践してみることこそが、この本の目的です。

6 章

生きものの生と死の意味と関係

誰だって生きものを殺すのは好きではありません。なぜなら自分自身が死にたくはないと思うのですから。しかし、この世は生きものを殺して成り立っていると言ってもいいでしょう。この章ではこの哀しみをとらえます。

セリを食べる黄アゲハの幼虫

農業は生きものを殺す

じつは農業は多くの生きものを殺す仕事です。田畑を耕すと、草を殺します。それを目的に耕すことの方が多いでしょう。もちろん草を殺しているというよりも、草を生やしたくないという感覚でしょう。草だけではありません。耕してミミズを殺し、間引いて作物の苗を殺し、選種で種子を殺し、代かきで虫を殺し、刈り取りで害虫やただの虫を殺し、草とりで草を殺し、収穫で野菜を殺す。そういう言い方もできます。もしその哀しみが毎年毎年募っていくなら、苦しくなって自殺するしかないようになるかもしれません。しかし、それを苦にして自殺した百姓を知りません。

生きものの生は、多くの殺傷にもかかわらずに毎年毎年また生まれてくれます。毎年オタマジャクシが10ａに20万匹生まれるのに、翌年まで生きることができる蛙は１０００匹ほどで、しかもこの密度が毎年変化しません。そういう自然のくり返しに、百姓としての自分の仕事も含まれているという感覚があるから、安堵し、殺しているという実感が湧かないのです。

こうは考えられないでしょうか。殺す（死ぬ）から生が守られる、死によって生を確かにする（守る）、と。田んぼを例にとれば、一粒の籾（種子）が次の年の生きる場を確保するために、1000粒の米を人間に食べさせている、とは言えないでしょうか。こう考えてくると、農とは生のために多くの死（命）をみのりとして殺す自然との契約のようにも見えてきます。その死は「殺す」ことではなく、再生のためにもたらされる祝祭とは考えられないでしょうか。だって、食べものを殺すのに「いただきます」と言うのですから。

しかもその死とは、育った後の、生を全うしたあとの死です。稲はわが子を見送って、安らかに死んでいくような気がします。これは人間に似ています。しかし、野菜はどうでしょうか。旬とは生の盛りでした。種をつけるものと、食べられる個体は別のものですが、食べるということは、どこかで種を採られることを確約されていると考えることもできます。

しかし草とりはそうではないでしょう。草は種を保証されません。しかし、また生えてくる場所（田畑）は確実に用意してもらえます。だからこそ、必死で種を残そうとします。春の花が、秋から花開くことが珍しくないのはその証になるでしょう。そして近代化技術以前は、前に述べたように草との情愛が通っていたのですから、完全に息の根を止めようとする気持ちはありませんでした。

これを科学的に「自然の循環に組み込まれている」「生態系を豊かにする中程度攪乱の実例だ」と言ってしまうと、生きものとの関係は薄れてしまいます。そういう意味で、たとえば、農産物の「安全性」なるものが、人間の生への安全性だけにとどまるなら、一つの堕落が待ち受けていると思います。なぜなら、農産物が自然のめぐみだとすれば、その自然と自分との関係が、じつは死を伴う生によって確保されているからです。この農の本質（原理）が、自分だけの安全性を追求したときから、見えなくなるのです。

近代化技術はこうした問題から完璧に逃げていて、そのことを意識に上げようとはしません。2010年4月に宮崎県で発生した口蹄疫という病気は、大きな傷跡を残しました。28万9000頭の牛と豚が「殺処分」されたのです。鳥インフルエンザのときもそうでしたが、どうして現代人は多くの生きものの死に涙する百姓の情愛に寄り添わないのでしょうか。人間には伝染しないのか、他の農場や産地に広がらないのかばかりに関心が集中しています。

この問題の核心をついたものは私が知っている限り鹿児島大学名誉教授の萬田正治の朝日新聞での主張だけでした（2010年8月28日「私の視点」）。萬田はそもそも「清浄国」「非清浄国」に分類して、非清浄国はこれを理由に貿易相手国から家畜や畜産物の禁輸措置を受けることが全頭殺処分の原因だと指摘しています。つい私たちは「清浄国」であるに越したことはない、と思いがちですが、萬田は口蹄疫は致死率の低い病気なのだから、全頭殺処分で無菌化せずに、発病しなかった抵抗力のある牛を残すべきだった、と言っています。ウイルスと共存する社会を目指すべきだと言うのです。深く納得できました。

そこで私がここで問題にしたいのは、「清浄国」でありたいという気持ちは、牛の命や健全な牛飼いのあり方よりも、ナショナルな価値を優先させていたのではないか、ということです。日本という国に、口蹄疫のウイルスを入れさせたくない、そのためには、病気でない牛や豚を殺してしまう、これがナショナリズムの怖さではないでしょうか。

もう一つの痛恨は、発病した牛への厳しい取材制限で殺処分の現場の生の報道は全くなかったことです。このことが私にはとても異常なことのように思われました。牛と百姓の哀しみを伝える直接の記事がなかったのです。朝日新聞の間接的な記事を引用します。「親子の牛もろとも次々と大型のダンプに詰め込まれ、大きなブルーシートがかぶされ、炭酸ガスが注入される。たくさんの悲鳴とともにダンプが左右に揺れていました」（藤原新也、２０１０年８月27日、畜産農家からの取材）。28万９０００頭の牛の命も、ナショナリズムの前では何の抵抗もできないのです。

この事態をナショナリズムの問題だと気づかないほど、私たちは国民国家に取り込まれて麻痺しているのです。ほんとうにナショナルな価値は、29万頭の牛や豚の命よりも重かったのでしょうか。一人の老百姓が抗議したことを忘れたくありません。彼は殺処分の命令に従いませんでした。しかし、その理由は、飼っている牛が優秀な種牛であるというものでした。産業的なつまり経済的な価値が高いから、殺さないでくれと言うのでは、他の牛飼いの共感は得られないでしょう。私は言ってほしかったのです。「牛が可愛いから殺したくない」と。「ナショナリズムよりも牛への愛情が勝る」と言ってほしかったのです。

こう言っても、「殺処分をしなかったら口蹄疫はもっと広がって、ほんとうに汚染国になってしまい、宮崎やその周辺の畜産は潰滅しただろう」という言い分には反論しにくい状況が生まれていました。その中での萬田発言には重みがあったのです。殺処分しなければ致死率は極めて低く、数%です。現に最初の感染だったと思われる水牛は発症から一月後には、口蹄疫の症状が消え元気になっていました。罹病した牛や豚の肉を食べても、人間にはうつらないことも明らかになっています。汚染国になっても、ワクチンを使い発病を抑え、抵抗力のある牛を増やしながら、この病気と共存していくなら、あれほどのむやみな殺生をすることもなかったし、これからもすることはないでしょう。

むしろ問題は、そういう百姓の情愛や家畜の命を大切にする迂遠な道を切り開くよりも、手っ取り早く殺してしまい、ウイルスともに封殺する方が楽だという判断が圧倒的に説得力を持ってしまっているこの国の価値観です。むろん本人たちは気づいていないでしょうが、これは一人ひとりの百姓の価値よりも、畜産業という国家の価値を優先するナショナリズムの洗脳を受けているからです。国家と国民の前では、一人の老百姓の抵抗も経済に頼らざるを得なかったのです。それゆえに彼は国家に深いところで対峙できなかったというべきでしょう。むろん彼の責任ではありませんが、これほどに国民国家のナショナリズムは国民世論を抱き込んで強大だということを知るべきです。

さらに酷いことがずいぶん前から続いてきたのが、鳥インフルエンザが発生した養鶏場の鶏の全羽殺処分です。つい最近も2014年4月12日に熊本県で発症した養鶏場の鶏11万羽が殺処分されました。一羽でも発病が確認されると、その養鶏場の鶏全羽が殺されるのです。私はもうずいぶん前から、この大量殺戮で死んでいく鶏に涙を流してきました。殺されるのがあたりまえだという世論には絶対に同意できないと今でも思っています。日本人は、大規模な近代化養鶏を批判する資格を持たないでしょう。それを批判できるのは鶏と、それを飼って情愛を注いでいる百姓当人です。（ヨーロッパ由来のアニマルウエルフェア、家畜の福祉は一つの処方だと思いますが、本題から離れるのでここでは論じません）

鳥インフルエンザが日本で問題になったのは、２００４年からです。それから今日まで殺された鶏は、私も調べてみて驚いたのですが、国内だけで７９５万羽を超えています。あらためて絶句しました。一羽にひとしずくの涙を流したら、私だけでも1トンぐらいになります。しかも、この涙はこれからも涸れることなく、子孫にまで引き継がないといけないのでしょうか。ここには口蹄疫と同じ構造があるのです。

さらに２０１０年12月21日には鹿児島県出水《いずみ》市の鶴の飛来地でナベヅル（鍋鶴）２羽の死骸から高病原性鳥インフルエンザウイルスが見つかりました。23日にはマナヅル（真鶴）からも陽性反応が出ました。出水では見学は制限され、さらに飛来地を分散させるための西日本各地の取り組みは中止に追い込まれるかもしれません。野生の鶴は病原菌を運んでくる厄介者になろうとしています。（伝染源は鴨だと推定されているが、まだはっきりしていません）

単に近代的な畜産の大規模飼育の形態だけを責めるのは筋違いでしょう。その近代化精神が圧倒的に強固な人間中心主義とでも言いたくなるような欲望と価値観に裏付けられていて、国民の支持を得ていることを問題にすべきです。安い卵、安い肉、安い農産物を求め、それに支えられて経済成長を達成し、さらにまた飽くなき経済成長求め続けるこの国民の心情が、生きものの命と生きものへの情愛を軽んじていきます。静かに涙するしかないのでしょうか。

今後、日本人は牛や豚や鶏だけでなく、それ以外の家畜や野生の動物にも近づけなくなるのでしょうか。私たちは大切なものをまた失おうとしています。人間の情愛のふるさとを失おうとしているのです。それは農の価値の最大のものではなかったでしょうか。これに気づくのは、ナショナリズムよりもはるかに大切な生きものへの情愛へのまなざしです。

たぶんみなさんは、耕したり、間引いたりして生きものを殺すことと違って、口蹄疫や鳥インフルエンザの殺処分は別の問題だと思われているでしょう。私もそう思います。これはこれまでの伝統的な百姓仕事による生きものの殺傷とは質が違います。近代化技術の極端な事例です。むしろ農薬による虫たちの殺傷に似ています。伝統的な百姓仕事の殺傷は救いがありました。それは生きものの再生によって救われてきました。ところが農薬や今回の殺処分は、救いが見あたらないのです。この深い闇をどう照らせばいいのか、誰もまだわかりません。

農業は生きものを育てる

話が哀しくなりすぎました。そこで伝統的な百姓仕事に話を戻しましょう。百姓仕事は生きものを殺すと同時に、生きものを育てています。私が考案した絵（123ページ）は、そのことを実感として、よく表現しています。

ごはん1杯は何粒か数えたことがありますか。茶碗の大きさやごはんの盛り方で異なりますから、一概に言うのは難しいのですが、だいたい3000から4000粒の間に納まることが多いでしょう。これは稲株3株ぐらいの米です。この3株の稲株のまわりにオタマジャクシが多い田んぼなら30～50匹はいるでしょう。農と自然の研究所の全国調査の平均は、35匹でした（一般では多い方です）。この数値をもとに、この絵を描いたのです。

茶碗1杯のごはんと、米粒3000～4000粒と、稲株3株と、オタマジャクシ35匹がつながっているという絵です。

私はこの絵を印刷した下敷きを小学生に配って授業をします。私が子どもたちに尋ねます。「君たちは何のためにごはんを食べてるのか？」。子どもたちが答えます。「自分のため」「元気で生きていくため」と返事があります。そこで「でもたまにはね、オタマジャクシ35匹を育てるためにごはんを食べようと思って食べてごらん」と提案します。予想されたことですが「それは無理」という声が上がります。私は話題を田んぼに移します。「でもね、この前田んぼに行っただろう。オタマジャクシは何匹ぐらいいた？」と尋ねてみます。「一株に10匹ぐらいいいた」と元気な答えが返ってきます。さすがに田舎の小学生です。「一株」という言葉を知っていますからね。

「そうだろう。もし君たちが茶碗1杯のごはんを食べなかったら、茶碗1杯のごはんは稲3株分だから、稲3株分の田んぼがいらなくなって、その3株の稲と一緒に育っていた35匹ぐらいのオタマジャクシは育つ田んぼがなくなって、生きる場所がなくなるんだ。つまり茶碗1杯のごはんを食べないということは、オタマジャクシ35匹を殺していることになるんだ」と言います。

するとこどもたちから抗議があがります。「宇根さん、それ、言いすぎだと思う」そこで私も言い方を変えます。「逆に考えてみたらいいね。君たちが茶碗1杯のごはんを食べるから、稲3株分の田んぼが必要になり、私たち百姓はせっせと手入れに励むことができ、オタマジャクシ35匹も生きることができる。つまり君たちがオタマジャクシを守っているんだと」。子どもたちには、戸惑いを隠せません。「そう言われれば悪い気はしないけど、実感が湧かないな」とささやきあっています。

大人だって実感できなくなってしまったことです。現代の日本人は、食べもののほとんどが自然のめぐみであることを忘れてしまいました。私たちは食べものを通して自然と結ばれています。それがどこの、どういう自然で、その自然の生きものはどういう生を全うできているのかを気にかけることを抜きにしては、自然も農業も支えることはできないでしょう。

この絵は、ごはんを食べることがオタマジャクシに代表される生きものを育てていることを伝えてくれますが、同時に百姓仕事がそれを直接に担っていることも表現しています。農業生

図　人間とごはんと生きものの関係（「下敷き」から）

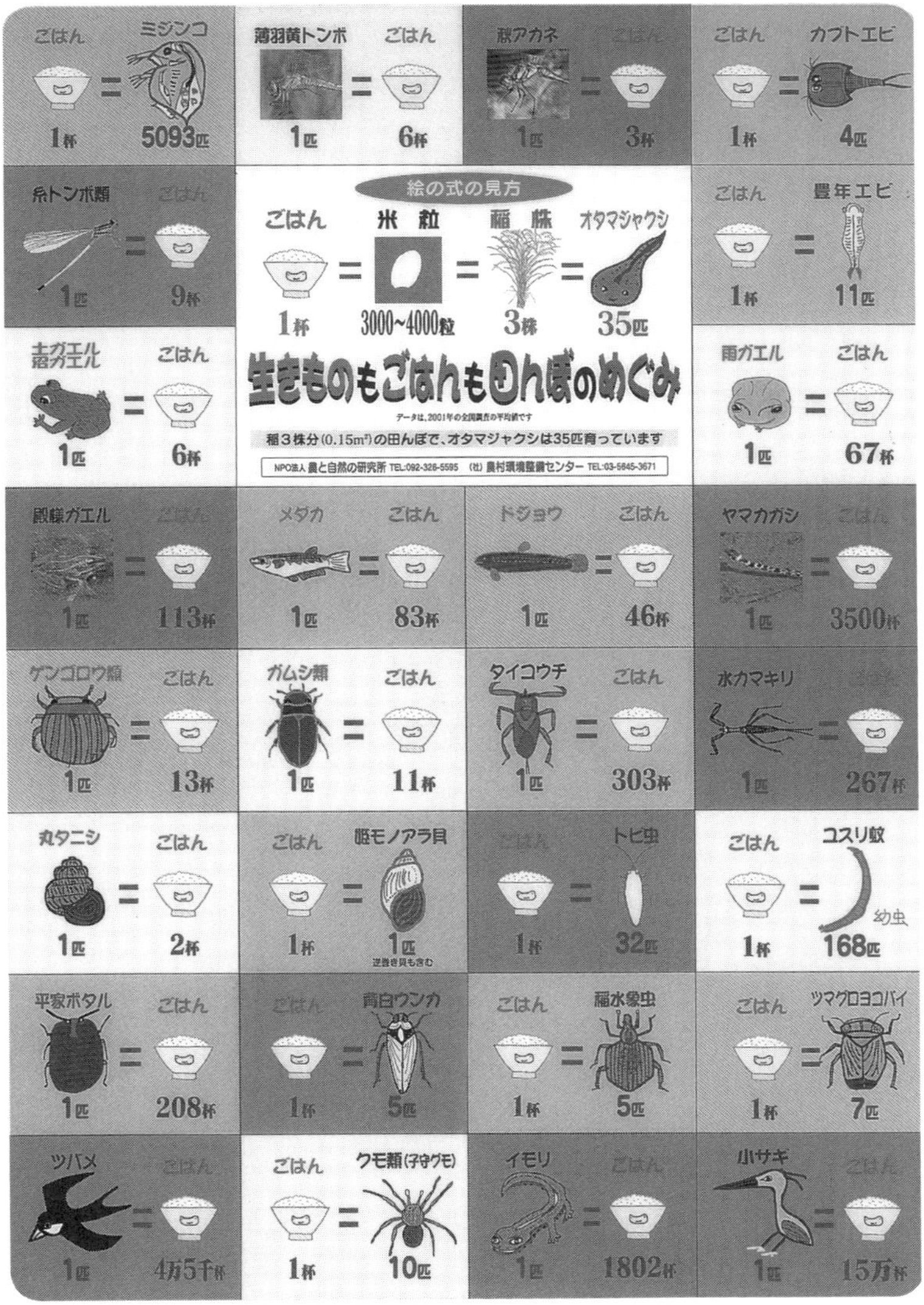

産とは、食事とは、こういう関係の上に咲く花なのです。こういう世界に足をつけて、私たちは生きているのです。

ごはんは、もちろんそれを食べる人間のためにも存在するのですが、田んぼの生きものたちの主柱でもあるのです。こう言うと「そんなことを意識することはない」と反論されるかもしれません。しかし、この全体を百姓はつかんでいるのです。科学的にはつかんでいませんから、何をどれくらい支えているか数値で表現することはできません。しかし、体で気配として感じており、そのうちの何種類かとは、濃密なつきあいがあるのです。じつは、これこそが技術にはない仕事の「世界感」なのです。

こう言い換えることもできます。ごはんを食べる（米を殺す）ことによって、次の年の稲3株とオタマジャクシ35匹の生が確保できる、と。これが生きものを食べることの意味なのです。

作物だけは特別か

ごはんと生きものを結びつけたのは、農業は作物を育てる仕事だから、生きものを育てているのは当然だと思っている常識を壊したかったからです。作物はもちろん生きものですが、私たちは生きものと見る前に、食べものと見てしまいます。「農業は生きものを育てる仕事です」

と言うよりも、「農業は食べものを育てる仕事です」と言う方が一般的になっていることがそれを証明しています。

しかし、このように作物を生きものと見るよりも食べものと見る見方が強くなりすぎると、困ったことが生じてきます。食べものにならない作物への軽視が始まります。曲がったキュウリ、傷がついたトマト、少し白く濁った米、甘くないリンゴを食べものと見なくなっていくのです。へたをすると百姓も売れないから捨ててしまいます。私の村でも、放置された蜜柑園が少なくありません。夏蜜柑が成りっぱなしになって、収穫されないままです。国の勧めに乗って蜜柑園を開いて手入れをしたものの、蜜柑類が余って売れないのです。要するに食べものにならないのです。

こうなると作物ではなくなります。かといって生きものかというと、百姓の目が届かなくなった生きものは生きていくことが難しくなります。早晩死を迎えるでしょう。オタマジャクシやトンボのように百姓仕事の目的ではない生きものと違って、作物は特別に大切にされているように見えますが、それは食べものとしての価値がある限りのことで、生きものとしてはオタマジャクシと変わらないかもしれません。その証拠に、食べるときに「いただきます」というのは作物の命に対してではなく、その食べられる価値に対する感謝へと堕落しているのではないでしょうか。

たまに「いただきます」は食べものの命をいただくのだと言う人がいますが、ちょっと違う気がします。命をいただいて、自分の命の糧にするような、自分の命に移し替えているような雰囲気ですが、前に述べたように、命をいただくことによって、その作物の次の生を保証しているのです。そういう責任を引き受ける消費者の自覚が今日ではとても重要になってきました。自分の命だけを考えてはいられないのです。

作物が生きものとしての存在を希薄にして、食べものとしてのみの価値を肥大化させられていくことによって、その他の生きものの生も見えにくくなったような気がします。このことを考えさせられたのはコウノトリとの出会いでした。

コウノトリは害鳥だと言う人がいます。田植えしてしばらくは、稲が小さいので、コウノトリに踏まれると弱るのです。しかしコウノトリは天然記念物ですし、今では兵庫県豊岡市で野生復帰の取り組みが着実に進んでいて、すでに野外に放されたコウノトリとそのつがいから育ったのは76羽にのぼります。（2013年）もし「貴重な鳥だから踏まれても我慢してほしい」と要請されたらどうでしょうか。「コウノトリの餌が豊富な田んぼを復活させることが、農家の役割です。そのための環境支払いも行われていますから、当然だろう」というのが一般的な見方かもしれませんが、これではほんとうの答えは見えてきません。

豊岡に住んでいた若い社会学者である菊地直樹さんの『蘇るコウノトリ』（東京大学出版会）から印象的な話を引用します。この本の眼目は「ツルボイ」という言葉です。コウノトリという名前は、あとから地元の人たちにもたらされ名前です。コウノトリと一緒に暮らしていたときには、ただ「ツル」と呼んでいました。そのツルに稲を踏みつけられると、百姓はツルを追い払っていました。豊岡地方では、この行為を「ツルをボウる」と言っていたのです。「聞こえもせんのに、ホーなんて言ってボウって。ちょっとバタバタって逃げますけどな、どこか行ったらまた来ますしな」という百姓の言葉でもわかるように、この「ツルボイ」という行為が日常的に行われていたのです。しかし、その追い方は、「すぐにまた来ますしな」というもので、ツルへの憎悪よりも、「稲がかわいそう」だという情愛が勝っていたのです。

このことを誤解しがちです。コウノトリに踏まれて減収するから、被害が出るから、害鳥だから、追い払っていたのではないのです。今日で言う「害鳥」とは似て非なるまなざしです。稲という生きものへの情愛は、稲が大きくなり、被害を受けなくなると、コウノトリにも向けることができるのです。百姓は田植え後の時期以外に、ツルボイをすることはなかったことがこれを証明しています。天然記念物だからといって、貴重品扱いにするのではなく、「ホー、ホー」と追い払う方がつきあいは深くなるのです。

私も田植えして半月ばかりは、稲が白鷺や青鷺に踏まれるのがいやです。もちろん追い払わなくても、これらの鳥は私が田んぼに行くとすぐに逃げてしまいますが、踏まれた稲を少し起こしてやります。放っておいても稲はちゃんと起き上がるのですが、かわいそうに感じるのです。

この稲（ごはん）とコウノトリとの関係はどういうものでしょうか。対立的なものでしょうか。天然記念物の方が価値があるものでしょうか。百姓にとってはどちらも生きものなのです。一時はコウノトリを追い払うことがあっても、それ以外のときは、その村の生きものなのです。だからこそ、野生復帰に戸惑いもあったでしょうが、協力していくのです。「ごはんも生きものも田んぼのめぐみ」というのは、もともとの日本人の自然観を表しています。

農業は自然破壊か

「そもそも農業は自然破壊だ」という主張の間違いはすでに第3章で正しました。この場合の自然は「原生自然」のことで、人間とは別にある自然のことでした。しかし私たちは身近な田畑や水路や溜め池や里山も自然だと思っているのですから、この説は自然の概念を西洋的に狭く考えすぎています。この説を採るなら、その破壊された自然の方が私たち人間にとっては、豊かで好ましく感じる理由が見えなくなります。自然に手を入れるその入れ方によって、自然は壊れもするし、豊かにもなると言うべきでしょう。

　ところが、この自然に手を入れる百姓仕事（手入れとも言いますが）は、否が応でも生きものの生に影響を与えます。それを前節では「生きものを育てる」ことを強調し、前々節では「生きものを殺す」ことに目を向けました。問題は、この影響を百姓がどれだけ自覚しているかです。自覚せざるを得ないほどであれば、日本でも農業は自然破壊だと言えるのかもしれません。しかしほとんどの百姓はそういう自覚はないでしょう。それはつくり変えた自然が（二次的自然と言われていますが、私はこの言葉が嫌いです）もとの自然と別のものではないからです。「人為」を加えると、自然が壊れるというのは、人間と自然を全く違うものだと考えているからでしょうし、実際にそう感じている人たちの感性でしょう。手入れという人工的な行為を自然に加えても、田んぼや稲や田んぼの生きものたちは相変わらず「自然に」生きていると感じることが大切なのです。

もとの自然との断絶がなく「自然な」感じが途切れないというところが大切です。百姓の意識としては、手を加えているのですから、田畑はもとのままであるはずがありません。田んぼを例にとると、そこで栽培される稲ももとはそこになかったものです。稲に集まる生きものはもともとそこにいたものでしょうが、稲や田んぼに合わせて、前よりも格段に増えてきました。それでももともとの自然と別のものではないと感じるのは、第3章で述べたように、人間と自然の生きものが別の世界に住んでいなかったからです。ひょっとすると、弥生時代にやってきた稲という生きものは、遠くからやってきた生きものだったのですが、それが「自然に」生きていると思えるようになったのは、どうしてでしょうか。

たしかにそれまで見たことのない田んぼという風景が出現しました。しかし、それも新しい自然（もっともこの言葉はありませんでした）だったのです。天地の表層は変化したように見えて、生きものたちの生死は相変わらず自然なままでした。人間も相変わらず内側から見ていたのです。

それにしても、どうしてこの世界には人間だけでなく、生きものが生きているのでしょうか。普通はそんなことを考えることはないでしょう。ところが百姓仕事の中では考えることがあるのです。目の前の葉に虫がとまっています。この虫は何のためにここにいるのだろうか、と考えることが少なくありません。たいていの場合は害虫ではないだろうか、作物に被害を与えることはないだろうか、という心配の気持ちが強くなり、本質的なところへ降りていくことはないのですが、それでも気になるのです。

なぜこの生きものがここにいるのかは、不思議なことです。しかし、人間も生きものの一員だという日本的な感性では、それは自然なことなのです。なぜ人間がここにいるのかすらわからないのですから、生きものだって同じでしょう。この世に人間だけが存在することの不自然さを考えてみればいいでしょう。

しかし、どうしてこんなにいろいろな生きものがこの世界にはいるのだろう、という感動は嬉しいものです。この嬉しさがあればこそ、百姓は生きものを殺す百姓仕事を悩まなくてもよかったのです。「殺す」という意識を持たなくてもよかったのでしょう。

農の哀しみ

この章の最初に、百姓仕事こそ生きものを殺すものはないと言いました。それにもかかわらず、死によって生が保証され、生きものの再生と賑わいによって、百姓は自責の念に駆り立てられずに済んでいるとも言いました。しかし、哀しみは残るのです。この生死はいつも毎年、さらに時代を超えて、くり返されていることなので、強く引きずられるものではないのですが、たびたび現れるものです。またそのたびによみがえるものでもあります。

ある百姓に昔飼っていた牛の話を聞きました。じつに微に入り細に入り牛の姿や性質を思い出して話してくれるのです。田んぼを耕すときに右には素直にターンするのに、左に曲がるときにはなかなか言うことを聞かなかったなどとくわしく話してくれました。ところがその牛も3年ほどで売りに出し、代わりの牛を買ったのだそうです。当時の百姓はそういう風にして、牛を育てていたのです。その牛を売る朝の話になると、彼の目はたちまち潤んできました。あわてて私は「それはもう何年前のことですか」と尋ねると、今から50年前のことだと言うのです。

百姓の牛への情愛の深さに打たれました。彼は何十年ぶりにこの話をしたろうかと言っていました。たしかに一緒に暮らし、一緒の仕事をした牛のことだから、情愛も深かったのでしょうが、その牛のことを、その牛を見送ったことを、彼は一生忘れないで生きていくのだなあ、と私は感じました。このように普段は口にすることはない生きものへの情愛は、楽しいことばかりではありません。悲しいこともいっぱいあるのです。それをときどきは思い出すことがあります。しかし、それを口に出して伝える相手もいなければ、その必要もありません。ただ、一人で抱きしめて生きていくのです。

　牛であれば、このように思い出深く抱きしめておれるでしょう。しかし、多くの生きものの生や死は次第に忘れられていきます。あるものは次の瞬間に忘れられますが、名残は引き継がれるのです。食事の前に「いただきます」と唱えますが、何をいただくのでしょうか。「命をいただくのです」と言う人がいますが、もう食卓の上では死んだ後の死骸がほとんどでしょう。「命をいただいて、自分の命に引き継ぐのです」と言う人がいますが、たしかに人間の生は多くの生きものの体を食べて維持されていますので、そのとおりなのですが、何か違うと感じます。その原因はすでに話しましたが、もう一つ付け加えなければなりません。

　私はそこに生を殺してしまわなければならない哀しみが根底にあることを感じます。食事のたびごとにこの哀しみがこみ上げてくるのでは、食事は楽しめませんので、「いただきます」という言葉で鎮めているのではないかと、少なくとも私は思っています。

7 章

ただの虫から田んぼの世界全体へ

この章では、分野ごとに狭くなってしまった科学では見えなくなってしまった世界をどうやって再発見すればいいのかを考えます。そのために減農薬運動の経験を土台にして、世界のつかみ方を考えます。

蝿などを捕食する髭長谷地蝿（ヒゲナガヤチバエ）

「減農薬」という言葉

まず百姓と科学と自然の関係を考えるために、私が20歳代後半から40歳代前半の20年間に情熱を傾けた減農薬稲作運動をふり返ってみます。「減農薬」という言葉は、１９７８年から私たちが使い始めた言葉ですが、公聴会での私の反対意見を無視して、農水省が減農薬の定義を「農薬の散布が、慣行栽培の二分の一以下の回数という」と勝手に定めてしまいました。１９８０年代末のことです。

私たちが村の中で使い始めた減農薬という考え方は、それまでの農薬をむやみに散布させる農業技術のあり方に疑問を感じて、とにかく農薬を減らそうという気持ちを技術にすることでした。したがって、農薬を散布する回数などよりも、もっと大切なことがあったのです。それは百姓に農薬を必要以上に散布させてしまうしくみを変えることでした。

減農薬の旗を揚げたのは１９７８年でしたが、運動として広がったのは１９８０年代です。当時、減農薬稲作に取り組んでいた意欲的な百姓にアンケート調査をした結果があります。

みなさんは信じられないでしょう。農薬散布と聞くと科学的な根拠に基づいて行われている

表　百姓は自分で判断して農薬を散布していたのではなかった

問1：鳶色ウンカの成虫・幼虫の顔を識別できますか 虫見板使用前　できる　35%　使用後100%
問2：農薬の効く時期、害虫の状況を把握して農薬を散布してきましたか 虫見板使用前　そう思う　2%　使用後57%

※1985年に、福岡市と佐賀県の減農薬に取り組んで、虫見板を使っている百姓に対するアンケート調査。（宇根豊『田んぼの忘れもの』葦書房1996年より引用）

ような印象があるかもしれませんが、これほど百姓は「無知」の状態のまま農薬を散布し続けていたのです。それに対して疑問を感じさせない科学技術だったのです。

その理由は簡単です。そもそも農薬散布は百姓が勝手にその是非を判断するのではなく、指導機関が指示するようになっていたのです。そういうものとして、そういう近代化技術として、村々に普及させられたのです。その典型が「共同防除」でした。しかし、それも無理はなかったと、私は思います。パラチオン（ホリドール）という殺虫剤が全国の田んぼに散布されていた時代には、たとえば１９５６年には、この農薬の散布中に86人の百姓が亡くなっています（80ページ参照）。もちろん急性の農薬中毒が原因です。

しかもこういう死者が出るのが約15年も続いて、やっと１９７０年に農薬登録が失効（使用できない）になったのです。こういう危険な農薬を百姓が勝手に使用することの方が異常です。しかし、こういう農薬を指導機関の指導の下に散布するようにしたからこそ、かえって必要以上に散布するようになったのは、さらに異常なことでした。

それではなぜ、指導機関は農薬を必要以上に散布させたのでしょうか。

ある村に１０００haの田んぼがあったとします。そのうちの10％に害虫が大発生しそうなとき、指導は間違いなく、すべての田んぼに散布を勧めることになります。今日の指導者なら「被害が大発生しそうな１００haは農薬を散布してください。残り９００haは散布しなくていいですよ」と指導するでしょう（未だにこういう指導がなされていない村の方が多いこともよく知っていますが、奮闘している指導員のために言うのです）。しかし、自分で田んぼを見て判断できない百姓には、散布すべき10％に含まれるのか、そうでない90％に含まれるのか判断できません。指導員もまたすべての田んぼを調べてやって区分けすることは不可能です。

それにもっと深刻なことは、当時は指導員もどれくらい害虫が発生すれば農薬を散布すべきかという判断基準をじつは持っていなかったということです。これが農業を近代化するための技術の最大の暗闇だったのです。近代化技術は百姓だけでなく、指導員の主体すら無視して、普及されたのです。

この結果この国全体が農薬を散布しすぎるようになってしまったのです。減農薬運動は、こういう戦後の農業技術と農業指導に対する根源的な批判を含んでいました。したがって「百姓なら農薬を使用するかどうかを自分で判断しよう」というスローガンを掲げた運動は、当時は危険思想だと思われたのです。

減農薬の思想は具体的な百姓の行動を提起したところにありました。私の提案は三つでした。

1　百姓自身が害虫をちゃんと覚えること。

2　害虫がどれくらいいれば農薬を散布せざるを得ないかの目安を自分でつかむこと。
3　そのためには迷ったら農薬を散布しない試験田を自分で持つこと。
一番難しかったのは、1でした。虫の識別をしたことも、習ったこともなかった百姓にとって、どうやって虫に近づけばいいのか、相当に難しかったのです。それまでの百姓の習慣は「見る」ことでした。とくに被害が出たときの光景はまざまざと目に焼きついています。しかしそのときには被害が出たときの害虫の密度を数えておこうとは思いませんし、その原因は農薬散布のやり方がまずかったのだという総括がほとんどでした。

ところが当時からこういう声がささやかれていました。「あの人は人よりも農薬の散布回数が多いのに、かえって被害が多いのはどうしてだろう」。その原因は散布の時期が間違っていたのです。害虫が卵の時期に散布すると、卵には効果がないことが多いので、むしろ天敵を殺していたのです。すると孵化してきた幼虫は益虫に食べられることなく、すくすくと育ち大発生することになります。

田んぼによって害虫の発生は時期も数も違います。自分の田んぼは自分で観察するしかないのに、同じ日に一斉に防除するなんて無謀です。自らが判断しなかったつけが農薬を散布しすぎるという不幸を招いていたのです。

しかし、自分で調べるといっても、稲の茎を見つめているだけでは虫の様子はよくわかりません。多くの虫は人間が近づくと、葉の裏側や茎の向こう側に隠れてしまいます。そこで、すでに紹介しましたが、「虫見板」が発明されるのです。

虫見板の絶大な効果

私は当時農業改良普及員という仕事をしていましたが、この取り組みはぜひとも広げていかねばならないと決心しました。当時、この実践を理屈づけるために読んでいたのが、桐谷圭治著『害虫とたたかう』（ＮＨＫブックス、１９７７年）でした。この本の中に「減農薬」という言葉が見出しも入れて2か所だけ出てくるのです。私はこれだ、と思いました。私たちがやろうとしているのは、できるだけ農薬に振り回されないで、百姓の主体性を取り戻すことで、それを表現する新しい言葉が必要だと感じていたので、「減農薬」という言葉に引かれたのです。これ以降は「減農薬」という言葉は、村の中で福岡県の百姓によって使われることになり、今では全国で使用されています。

減農薬運動は農薬を断罪するよりも、農薬を散布させる科学的な根拠がなぜないのか、それなのになぜ一律に半ば強制的な指導がまかり通っているのか、を問題にしました。そしてどうして克服していけばいいのか、百姓の側からの具体的な提案を出していったのです。やがてこれは、農業は近代化することでよくなるという考え方が、必ずしも正しくないことを証明することにまで行き着くのです。

「農家は昔から病害虫の被害に苦しめられてきた。農薬はそれを解決することができた」というのが、極めて一面的な誤った近代化賛美の物語でしかないことを、私たちは確信したのです。農薬によって自然環境が破壊されるという現象は、生態系のなかの生きものの生が奪われることです。もちろんその主原因は農薬という毒性のある物質なのですが、田んぼの中の害虫をはじめとする生きものの密度に目を向けさせない農薬散布技術の性格にこそ、問題の根はあったのです。

ただの虫の発見

この問題を解決するためのもう一つの新しい道すじが見えてきたのは、虫見板による思いがけない発見が、１９８３年に訪れたからです。虫見板は、福岡市農協がプラスチックの板にして、３０００人の組合員の百姓に配布したことから、福岡市で普及していきます。私も各地の研究会をまわりながら、虫見板の使い方を教えていきました。福岡市を例に取り上げると、それまで田植えしてから6回散布していたのが、3年後には2回に減ったのです。それほど百姓の目が肥えていき、害虫や益虫を覚えていったからです。

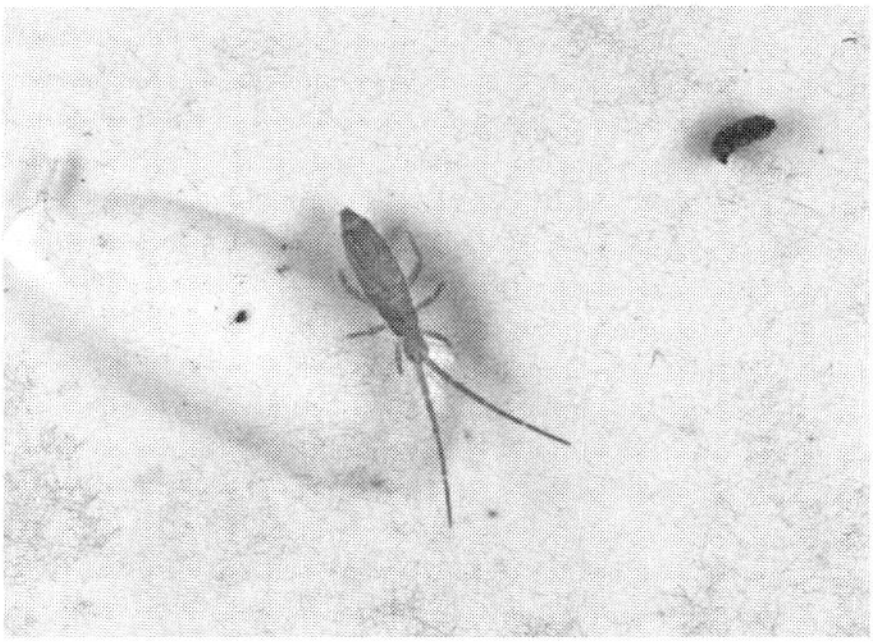

よく跳びはねる跳び虫

そしてこれも第3章ですでに紹介した「ただの虫」が発見されるのです。ところが大きな問題が立ちふさがりました。これらのただの虫がどういう百姓仕事によって支えられているかが証明できなければ、自信を持って主張はできないでしょう。さらに、太鼓打《たいこうち》なら名前はわかりますが、源五郎《げんごろう》といっても種類がいっぱいいますし、何よりも当時は跳び虫みたいに名前がわからない生きもののほうが多かったのです。

そこで私はただの虫の名前をしっかり調べ、どれほどいるかを観察することから始めました。当時も今も、害虫の調査はそれなりに行われていますが、天敵やただの虫はほとんど調べられていません。調べないから名前もわからないのです。幸い虫見板の上には様々な虫たちが落ちてきます。少しずつ覚えて、調べていったのです。これが後に「生きもの調査」に発展していきます。

ここで一つだけみなさんに「ただの虫」の代表を教えましょう。ただの虫という呼び名のきっかけになった虫です。稲の穂が出るようになると、虫見板の上に小さな薄い黄色の虫がいっぱい落ちてきます。私の田んぼでは一株に４００匹以上もいることは珍しくありません。髭が長く体長２㎜ほどの虫で、ちょろちょろと動き回っています。当時は名前もわからなかったのですが、その後跳び虫だとわかりました。少なくとも2種類はいます。ところが何跳び虫かがわからないのです。だれも研究していないのですから、ひょっとするとこんなに普通にいるのに、まだ名前がついていないのかもしれません。まあ、科学が発達したと言っても、有用性のない生きものの研究はほとんど行われていませんから、この程度なのです。

この跳び虫は稲の枯れた葉を食べています。稲刈り後も、藁の下にいっぱいいます。ということは、藁を食べて、分解してくれていて、稲の肥料分に変えてくれている有用な虫ではありませんか。「ただの虫」ではなく「ただならぬ虫」だったというわけです。この虫が気になって、最近ではしっかり見るようにしています。田んぼに水を入れて、代かきしたらこの跳び虫はどうなると思いますか。水に溺れるでしょうか。そんなことはありません。水の上に浮いて、畦際に吹き寄せられて、群れて跳び跳ねています。やがて田植えが終わると、もう稲に棲んでいるのです。一株に1匹ぐらいは目につきます（さすがに虫見板を使わないと見えません）。もっともっと「ただの虫」のことがわかってくればいいなと思います。そのためには百姓がもっとまなざしを注がなければなりません。

ただの虫から生きものの調査への道

ただの虫の存在によって、「田んぼの生きものが日本の代表的な自然の生きもの」であることに気づいたことが、つまり私にとっては身近なほんとうの自然が発見できたことが、人生の大きな転機になりました。初めて田んぼの生きもの全体に、まなざしを注ぐことができるようになったのです。それから、私は赤とんぼや源五郎や蛙や蛍などの調査を始めました。しかし、勤務中には、いくら「赤とんぼも益虫ですから」と言っても、「そうは言っても、大方の人は、それは趣味的だと思うだろうから、気持ちはわかるが、勤務時間以降にしてほしい」と上司に言われると、仕方がないと思いました。1990年代のことです。経済価値を生み出す仕事は重視するのに、経済価値が生まれない仕事は「趣味的」だとして軽視する思想は、むしろ人間的な仕事の大切な部分を軽視することになるのではないでしょうか。このことは、また後で考えてみます。

そこで、2000年に49歳で県庁を辞めて「農と自然の研究所」を設立したときに、これらの「ただの虫」「ただの生きもの」が田んぼや畑や畦や小川や溜め池で育っていることを表現してやるぞと決心したのです。そのためにはこれらの生きものがどこに、どれほど、どのように生きているのかを徹底的に調べようと思ったのです。

この場合とても大切なことは、その田んぼを手入れしているその百姓が調べることです。他人に頼んで調べるのではダメだと思ったのです。なぜならば、これらの生きものはその百姓の子どもみたいな存在だからです。その百姓が名を呼ぶことが、自分の声で、自分の心で呼びかけることが大切だと思ったのです。こうして本格的に農と自然の研究所の会員に呼びかけて、全国で「田んぼの生きもの調査」が始まったのです。２００１年のことでした。

その後、この田んぼの「生きもの調査」は、私たちだけでなく様々な人たちが独自に取り組むようになりました。一人だけでなく、ほぼ同じ時期に様々なところで、様々な人間が取り組む運動は必ず広がるものなのです。それだけの機運が醸成されている証拠だからです。

私たち農と自然の研究所の生きもの調査は、次のことに気をつけました。

①百姓自身がやる。もちろん、いろいろな人から教えを受けることは大切です。

②できるだけ、器具を使わない。なによりも自分の目と五感でとらえることが重要です。なぜなら、百姓仕事の最中に合間にやることができなければ、百姓仕事に埋め込めないからです。つまり外から持ち込まれた調査ではなく、そこで生きている人間の内からのまなざしを豊かにすることがほんとうの目的なのですから。もちろん、虫見板は使いますし、勉強会のときは生きものを捕まえる金魚網や水槽（虫かご）はあった方がいいでしょう。

③数を数えるのは、しっかり見つめるための方法であって、計数が目的であってはならない、と位置づけました。そのために「ラインセンサス」という方法を編み出しました。と言うと難しく聞こえますが、とにかく田んぼの中を端から端まで歩きながら、自分の目で生きものを見る習慣の延長にあるものです。

④そして、その過程と結果を表現することです。「調査」と言うと、とかく調査結果だけを重視する傾向にありますが、その過程も大切です。それを私は「まなざし」と言っています。

生きものへのまなざしが大切だ、いうように使っています。したがって表現とは、どんな生きものがどれくらいいたか、というだけではなく、どんな気持ちになったかとか、もう一度会いたいとか、食べてみたいなど多様な情感を表すことになります。それを「生きもの語り」として語ろうと呼びかけているのです。

注　「生きもの調査」のくわしいことは、農と自然の研究所の『ふくおか農のめぐみ１００』や『田んぼのめぐみ１５０』を見てください。

調査にとどまらない生きもの調査

そういう意味では「調査」という用語はふさわしくなかったのかもしれません。私たちは当初はその目的を表す「生きもの目録づくり」「めぐみ台帳づくり」と呼んでいたのですが、説明に苦労するので、伝わりやすい「生きもの調査」に変更したのです。たしかに生きもの調査は、そこにどういう生きものがいるか、その田んぼの世界の全容つまり「生きもの目録」や「めぐみ台帳」を作成するための手段です。ところがこの手段としての調査自体が目的になっていくのです。

それはどういうことかというと、やってみると調査自体が楽しくなっていったのです。上の

表　あなたにとって田んぼの生きもの調査を実施する意義は何ですか？

	福岡県農のめぐみ地区		宮城県のグループ	
	実数（人）	割合（%）	実数（人）	割合（%）
1．減農薬・有機農業の効果を確かめるため	50	29.6	19	20.7
2．農産物に付加価値をつけるため	4	2.4	15	16.3
3．環境支払いの支援金をもらうため	7	4.1	2	2.2
4．農業に対する見方や農政を変えるため	11	6.5	12	13.0
5．環境を守るため	43	25.4	ー	
6．地域のタカラモノさがし	5	3.0	ー	
7．家族や地域の子どものため	1	0.6	7	7.6
8．未来のため	6	3.6	14	15.2
9．生きものの名前や生態を知るため	15	8.9	12	13.0
10．自分の楽しみや勉強のため	6	3.6	11	12.0
11．その他	5	3.0	ー	
無効回答	16	9.5	ー	
合計	169	100.0	92	100.0

（調査実施は2007年　福岡県は一つを選択、宮城県では二つを選択してもらった。「ー」は設問項目がなかった。）

表は生きもの調査をしている百姓の回答です。たしかに、「1．減農薬・有機農業の効果を確かめるため」という回答が多いのは、当然だと思います。農薬の使用を減らすのは、単に食べものの安全性を確保するためだけではなく、自然環境を守るためでもあると、百姓は思っていたのに、それを確かめる手段がなかったのが、手にすることができたのですから。しかも、それは機械で分析するのではなく、つまり他人に依頼するのではなく、自分で簡単にできることでもあったのですから、なおさらだったでしょう。

私は「9．生きものの名前や生態を知るため」と「10．自分の楽しみや勉強のため」という回答も少なくないことに注目したいのです。調査して、何かを明らかにするのではなく、調査のやり方を学びたい、調査することが楽しみだ、と言っているのです。初めて生きもの調査をやった百姓のほとんどが口にする言葉があります。「こんなに、まだ生きものがいたとは、びっくりした」というものです。長い間、見ていなかったのです。

生きものと目を合わせることが、プロの百姓にとっても感動的な時代になっているのです。それほど現代社会は、自然を相手にして仕事をしている百姓にとっても、効率追求に追われて、生きものとのつきあいがおろそかになっているのです。それで何の不都合もないと思い込まされていたのに、久しぶりで生きもの調査で生きものと目を合わせると、根源的な喪失感と疑問が湧き上がってくるのを止められないのです。私は、ここにこそ「生きもの調査」が広がってきた原動力があると思います。

「調査」というと、一応科学的で、きちんと目的があって、有用な行為であるような印象を与えるので、この用語を利用してもいいと思うのですが、実質は「生きものとの出会い」「生きものへのまなざしの鍛錬」「田んぼの世界認識のための扉を開く」「百姓仕事の復権」などと表現すべき行為なのです。

じつは生きもの調査を始めたときに、案の定「そんな遊びみたいなことやって、農業に何か役に立つのか」という批判も受けました。また2005年から福岡県が始めた生きもの調査への環境支払いに参加した200人ほどの百姓のうち、約6%の百姓が1年目は「こんなことやって何になるのかまだよくわからない」と正直に回答しているのです。ところが3年目になると、こういう回答はゼロになりました。それぞれが何らかの目的を見つけたのです。さらに前にも話したように、生きもの調査が楽しみだと答えた百姓は、いわゆる「趣味的」な世界を仕事の土台として受け入れたとも言えるでしょう。

しかし、仕事か趣味かという境界は近代になって、厳密に分けられるようになったものです。なぜなら趣味の時間が労働時間から追放されたからです。田植え歌を聞きながら、また歌いながら田植えをするのは珍しくない時代があり、その後も歌を歌いながら仕事をする習慣は残っていたのに、現代ではすっかりなくなりました。

仕事に含まれていたのに切り離すから、趣味の時間にまで賃金を払う雇い主がいなくなったのです。農業分野に限って断言するなら、趣味的な世界は農学つまり農業に関する科学的な研究の対象から除かれました。当初から入っていなかったと言う方が正確でしょう。赤とんぼを育てる農業技術のような趣味的な農業技術がないのは当然だと思っていませんか。それはそのような農学と、そのように考える科学によって形成されたものです。

したがって、農薬散布という技術の中に、害虫や益虫やただの虫を調べるという「生きもの調査」を入れ込むことは、画期的なことだったのですが、未だに困難を極めています。科学には考え方を一面的にしてしまう性質があるのです。科学は客観的で、中立的で、普遍的だという考えを持っているなら、それは明らかに幻想です。なぜそういう幻想を抱かされてしまったのかは、後でくわしく考えましょう。

仕事に波及していく

生きもの調査は、調査のときだけにやるのではありません。百姓は田畑に出れば、四六時中生きものに囲まれて仕事をしています。その時に生きものに注ぐまなざしを豊かに、強く、深くすることが目的なのです。

次のアンケート調査の結果を見てください。生きもの調査をやるようになって、百姓の何が変わったかを答えてもらったものです。

問2と問3：田んぼに行く回数が増えたという回答には、私は涙が出ました。ある人から、「百姓の負担を増やすことになるのではないですか」と忠告を受けたことがありました。仕事を単なる労働と勘違いして、労働時間は短い方がいいという精神で見ればそうも見えるでしょう。

しかし、これは百姓が命令されたことではなく、自分でそうしたくてしているのです。労働ではなく、仕事なのです。労働時間は短い方がいいという戦後の農業近代化を推し進めてきた精神に対して百姓は「そうではない」と明確に反論しているのです。

問4と5：同じようなことは「田まわりの時に生きものが気になるようになった」という回

表　生きもの調査をやることによって何が変化しましたか

（2年目の2006年12月時点での感想を尋ねた：％）

		無効回答	いいえ全くそう思わない	あまりそう思わない	ふつうどちらとも言えない	ややそう思う	はい非常にそう思う
問1	「田んぼの生きもの調査」は楽しかったですか？	4.7	0.0	0.6	36.7	32.0	26.0
問2	田まわりの回数が増えたり、一度の田まわりの時間が長くなりましたか？	6.5	1.8	1.2	44.4	26.6	19.5
問3	「田んぼの生きもの調査」をやることで、田まわりが楽しくなりましたか？	16.6	0.6	1.2	38.5	28.4	14.8
問4	田まわりの際に、意識して見るモノが変わりましたか？	20.1	0.6	3.0	15.4	33.7	27.2
問5	落水するときなどに、生きもののことが気になるようになりましたか？	5.9	4.1	3.0	30.2	28.4	28.4
問6	地域の中で、生きものについて話をする機会が増えましたか？	4.1	3.6	4.1	33.1	36.7	18.3

答にも現れています。百姓が田んぼを見まわることを「田まわり」と言いますが、このときは稲や水の溜まり具合を見ているだけでなく、田んぼの生きものも見ているのです。田まわりしながら、水の中のオタマジャクシや稲の上のクモや田んぼの上のトンボにも目が行くようになったのです。この行為は無駄な労働時間だという思想に対しては、こういう経験の上にこそ生きものへの情愛や自然を慈しむ感性が育つのだと反論したいのです。

問6：そして「地域の中で、生きものについて話をする機会が増えた」と答える百姓が多いのです。そうです。語らずにはいられなくなっているのです。誰かに、とくに子どもたちに伝えたくなっているのです。

田んぼの生きもの全種リストの意義

あるときに子どもたちと一緒に田んぼの生きもの調査をしていたときのことです。子どもたちがすごいことを質問してきます。「いったい、田んぼにはどれくらいの生きものがいるの」と言うのです。「そんなこと誰も知らないよ。今の科学では研究もされていないよ」では、従来の狭い科学から一歩も出られないでしょう。子どもたちは自然観、世界認識の扉を開けたがっているのです。

私たちが百姓や子どもたちに勧めている「生きもの調査」は、世界をつかむ方法でもあるのです。まず、生きものに目を合わせて、相手の名前を呼ぶことです。距離は一挙に縮まり、情愛が芽生えてきます。かつて、この情愛を仕事の中で、百姓は深めてきたのです。ただの虫にも多くの地方名があるのが、その名残でしょう。しかし、生きものへのまなざしは、農業の近代化で自然科学によって、データや法則や論文に置き換えられてしまったのです。このことは農学や科学がしっかり反省しなくてはならないことです。

科学者だけが、専門分野で生きものの種や生態を知っていて論文にしておけば、世界は解明できたと言えるのでしょうか。科学や科学技術の発達によって、むしろ私たち百姓や国民のまなざしの衰退に拍車がかかっている事実に気づくべきでしょう。科学者は科学の発展によって人間にとって大切な内からのまなざしが衰えてしまったことに、無頓着です。

そこで、科学の欠陥を指摘し、奮起を促しながら、科学の世界と人間の経験や情愛の世界の交わるところを形成しようとしたのが、農と自然の研究所が２００９年2月に作成した『田んぼの生きものの全種リスト』でした。このリストをとりあげて、いったい科学と科学ではない世界の交わりとは何なのかを考えてみましょう。

これまで田んぼに限らず、畑や川や里山や里海の生きものの『全種リスト』がなかったのは、どうしてでしょうか。もちろん断片的な、しかも有用性に偏った科学研究はありましたが、それをまとめて世界全体を表現しようとする科学（かつては博物学と言っていました）が衰えてしまっていますし、未形成でもあります。

私に言わせれば、いつのまにか科学は外側からの「世界認識」の学である使命を忘れてしまったからでしょう。この世の生きもの全種に命名しようとしたリンネ（１７０７～１７７８年）の時代には、全種とは1万種ぐらいだと思われていたそうですから、全種の把握をやろうという気にもなったでしょうが、現代では途方に暮れるのもわかります。せめて個々の分野のさらに狭い種たちだけにしようというのもわかりますが、それが「世界認識」の放棄になることを科学者は少しは自覚してほしいものです。

日本の農地では、最も研究されている田んぼの生きものの全種リストもなかったのは、科学が現代社会を支配している価値観に寄り添っていたからです。時代が要請しないものを研究することは難しいことなのです。田んぼの生きものの場合は「有用性」にとらわれてきました。したがって、有用性がないものは研究対象になりませんでしたし、まして「世界認識」など、近代化農業は歯牙にもかけなかったのです。

ところが、「ただの虫」という世界が見つかり、「生物多様性」が輸入されると、世界認識への入り口が見え始めたのです。一方、生きもの調査に取り組んだ百姓や子どもたちの声に代表されるように「いったい、田んぼという世界にはどれくらいの生きものが生きているのだろうか」という世界認識への私たちの志向が『全種リスト』への要請となったのです。

農と自然の研究所という百姓中心のNPO（非営利組織）が、全種リストを作成したのは「生物多様性」や「環境稲作技術」の中身を充填するためと、「ただの虫」「ただの草」の実態を明らかにするためでした。そして何よりも「有用なもの」以外の生きものへの伝統的な百姓のまなざし復権の土台としたかったからです。

幸いなことに私の師である桐谷圭治らの働きかけで、100名あまりの科学者が協力してくれて、試作版、初版、改訂版と充実していき、2010年の改訂版では5668種の生きものがその生態とともに記載されています。ある研究者が漏らしていた一言がとても印象に残っています。「これも大事な仕事だが、業績にはならないもんな」。全く本音だと思います。現代科学とはこのように時代の制約を受けているのです。私は人一倍科学にきびしい目を注ぐ人間ですが、業績にもならないのにこの仕事に無償で協力してくれた科学者が１００人余りもいたことに、深く感謝しました。同時にほんとうは時代に染まらない科学を模索している人が少なくないことに感動しました。

しかし、果たして田んぼの生きものの全種を科学的に明らかにしたからと言って、ほんとうに田んぼの世界をつかんだことになるのでしょうか。それに、これが百姓の伝統的な生きものへのまなざしの復活にほんとうに寄与するのでしょうか、という疑問はたしかに残ります。何より、百姓はこの全種すべてを認識できないのです。科学者だってそうです。そうすると、誰が全種を認識するのでしょうか。少なくとも人間界には誰もいないことになります。しかし「科学界」では、認識できるような気になることができるのです。まるで「創造神」になったようにです。これが科学が発明した世界認識でしょう。すごいと思います。しかし、これだけでは困るのです。

私たちは「生物多様性」を、伝統的な文化、あるいは個人の体験で実感しているからこそ、案外違和感を抱かずに受け入れました。それは、科学者が言うように、①遺伝子レベルでの多様性や、②種レベルでの多様性や、③生態系レベルでの多様性などという説明で理解したのではありません。むしろ、④情感レベルでの納得がありました。生きものとのつきあいの経験で生きものに見とれ、生きものの死に涙する感性を土台にして、いろいろな生きものがいることはあたりまえだし、いいことだという納得はたやすいことです。また、⑤文化レベルでの無意

表　田んぼの生きものの主な種数

●動物	(2791種)	クモ	109種	哺乳類	50種
昆虫	1726種	ダニ	32種		
トンボ類	98種	両生類	41種	●原生生物・藍藻など	
バッタ類	64種	イモリなど	12種		(597種)
ウンカ・ヨコバイ類		カエル類	29種		
	87種	爬虫類	20種	●植物	(2280種)
アブラ虫類	74種	カメ類	7種	被子植物	1856種
カメ虫類	90種	ヘビなど	13種	双子葉植物	1310種
ゲンゴロウ類	60種	魚類	143種	単子葉植物	546種
ガ虫類	21種	貝類	73種	裸子植物	11種
テントウ虫類	60種	甲殻類	155種	シダ植物	111種
羽虫類	74種	エビ類	12種	コケ植物	97種
象虫類	38種	カニ類	19種	ウイルス・細菌・糸状菌	
蜂類	176種	ミジンコ類	111種		205種
蚊類	27種	輪虫類	162種		
ユスリ蚊類	88種	線虫・ミミズ	91種		
アブ類	76種	線虫類	19種	合計	5668種
蝿類	54種	ミミズ類	34種		
蝶・蛾類	85種	鳥類	189種		

出典：「田んぼの生きもの全種リスト」改訂版（農と自然の研究所2010年）

識の受容がありました。それは自然を外から見ることがなかった伝統的な自然観、つまり生きものの一員だった日本人の、一緒に生きてきた生きものたちへの情愛を土台とした情感があったからです。山川草木悉《しっ》皆《かい》成仏、あるいはすべての生きものには神が宿り、タマシイがある、というような伝統です。

　全種リストは、一つの条件付きで、その人の、その地域の、その国の生きものへのまなざしの「目録」にできます。その条件とは、この自然の外側からのリストと、自然の内側からのまなざしが出会う土俵ができるならば、という条件です。

　その「土俵」の一つの実例を示してみましょう。「ただの虫」は日本的な、生物多様性に先行した概念ではないか、という指摘はありがたいのですが、ただの虫は生物多様性に出会わなければ、外からの「世界認識」になることがなかったのです。なぜなら、ただの虫は害虫や益虫と区別する分類概念にとどまって、自然の世界認識に育てることができませんでした。ただの虫はなんのために田畑にいるのだろうか、とばかり考えてきたからです。あるいは、そこにいることで満足して、なぜいるかなどは考える必要もなかったのです。つまり、自然の内側からの認識の外に出ることがなかったからです。私も上の表をまとめ始めた2000年頃から、ただの虫はいったい何種類ぐらいだろうか、と考え始めたのですから（内からのまなざしのことは3章の「自然の位置づけが遅れた理由」でくわしく語りました）。

表　ただの虫からの世界認識

害虫	益虫	ただの虫
100種	300種	約 700種（1990年代）
150種	300種	約1400種（2010年時点）

前にも話しましたが、毎年9月になると、虫見板の上に「跳び虫」類が100〜500匹も落ちてきます。数種が混在しているのは間違いないのですが、名前が未だによくわかりません。それを「わかりたい」という気持ちは、残念ながら科学的な接近からしかもたらされないようです。しかし、科学が田んぼの跳び虫を放置しているのは、有用性がない（ほんとうはあるのに）からですが、百姓の内側からの要請もないからでもあります。つまり、百姓自身のまなざしの復活なしには、この全種リストを内と外の両側から響き合うリストにすることは不可能なのです。したがって、この全種リストは生きもの調査などの百姓の取り組みがないところでは、科学者だけが、自分の専門領域だけを検討するデータベース

になってしまうかもしれません。そうはしたくないのです。このリストが、試験研究　機関ではなく、農と自然の研究所という百姓たちのＮＰＯによって作成された意味がここにあると思います。

１５５ページの表のような認識に至るためには、水田に依存している動物・植物の全種リストを作成しなければならなかったのです。しかも私だけが作成していた１９９０年代の図では「ただの虫」は７００種にすぎなかったのが、みんなの力で「全種リスト」ができた後では、倍に増えています。たぶんこれからもさらに発見されて増えていくでしょう。

「全種リストができあがらないと、水田の『生物多様性』は論じられないのではないか」と考える農学や科学がやっと生まれはじめていると言えるでしょう。

だが、重要なのはそのことではありません。やがて、科学は（水田であれば）曲がりなりにも全種リストを作成するだろうと思いましたし、現に私たちの手で一応は作成してしまいました。ところがそこにはもっと重い難題が口を広げて待ちかまえていたのです。前にも述べたように、百姓はそのリストの生きもののすべてを、あるいはほとんどを認識できないということ。そういう現実の前で、私は立ち尽くしたのです。

注　田んぼのいきものの全種リストは２００９年に農と自然の研究所によって、日本で初めて作成され、２０１０年に改訂版も出版された。

世界のつかみ方

２００５年に国立科学博物館で開催された生物多様性の展示は、この両者の関係を考えるうえで、とても重要だったと思います。その概略を紹介しましょう。

マレーシアのある自然保護区に、胴まわり１ｍで樹高が50ｍもある大木が生えていました。その大樹に生息しているすべての生きもの（ここでは昆虫とクモに限定していましたが）を採集して、分類し、そして全個体を展示してありました。全部で１７０５種、１万２３８２頭でした。しかも、これらの生きもののうち、すでに名前がついている種は、10％にも満たないのだそうです。この展示の前に私は数時間を過ごし、様々な思いがこみ上げてくるのに手こずりました。

ただこの研究は、大木の上から農薬散布をして虫を殺して採集するという手段があってこそ実現できたことを忘れてはなりません。科学的な外側からの認識方法の危なさを象徴しているように思えます。つまり、このような科学は人間の経験や五感以外の能力を動員しないと実現できないのではないでしょうか。いやそういう手段を手に入れたからこそ、実現できたまなざしではないでしょうか。

このことは「科学者」にとっても、難題でしょう。この展示はその手法を開発したからできたのですが、それよりもそうやってまで、一本の木の全種（ほんとうは全種ではないが、それは方法が未開発だからにすぎない）を、記載しようとする動機、つまり世界認識の動機がどこからもたらされたかが気になりました。まさか「創造神の思し召し」に近づこうとしたのではないでしょう。新種を発見したいという欲望もあったでしょうが、「生物多様性」の全容と構造を解き明かしたかったに違いありません。

しかし、そこに住んでいる原住民には、全種を記載したいという欲求は決して生まれることはないでしょう。そういうものは不要なのです。

外側からの科学的な世界認識の方法は次の4項目にまとめられます。

①全部の種の記載と認識（博物学的なアプローチ）

②それらの種と種との関係性の解明

③それらの種と人間の関係性の解明

④これらを、自然の外側から、まるで「神・創造主」の視点で見て、世界の中での位置づけを記述する。（生態系の中の位置づけと言ってもいいでしょう）

一方、そこに住んでいる百姓の持ち合わせている世界認識とは、「科学的」ではないが、別の意味で豊かなものです。それをまとめると、次のようになります。

①すべてを受け入れるが、一部で全体をつかむ。したがって、知らない生きものと知ってい

る生きものの境界が曖昧である。名前は分類のための記号ではなく、相手と交流するための呼び名である。

②つきあいの深さで、生きものとの関係を秩序化する。生きものとの関係は情感でつかみ、情感で表現される。生きものと会話できる。

③これらの関係を自然の内側から、つかんでいる。

図　百姓の近代化される前と後のまなざしの変化

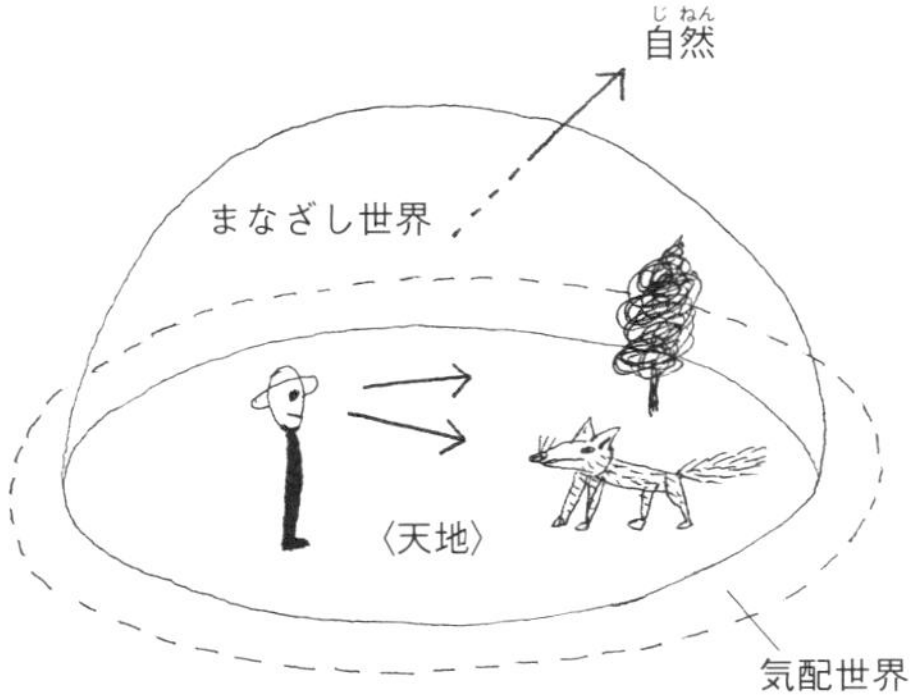

近代化される前の百姓

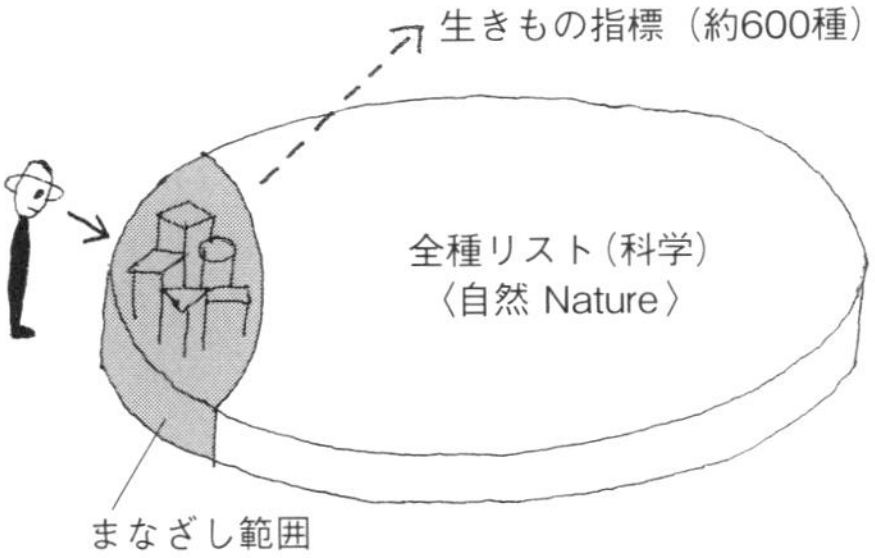

近代化された後の百姓

この二つのまなざしを図にすると、左のようになります。私は、上の絵の方が断然豊かな世界認識だと思います。その根拠は、生きものと人間の関係性がはるかに濃いからです。しかし、ここにこそ問題も横たわっています。このまなざし世界のネットワークが、農業の近代化によって、日増しに希薄になってきたことです。だからこそ、「生きもの調査」が対策としてその代表種を指標と定めて、提案されたと考えてほしいのです。それが下の絵になります。

生きものの名前を呼ぶ

次ページの表は、福岡県の「農のめぐみ」事業に参加して生きもの調査をやっている百姓に、「確実にわかる種類」を田んぼでよく見かける生きもの１００種（動物のみ）の中から、答えてもらった結果です。平均すると約40種でしかありません。農業の近代化によって、百姓の生きものへのまなざしが衰えてしまったことがよくわかります。これでは、現代の農業は生物多様性を手中にできそうもない、と思われます。

ところで、近代化される前の百姓が、どれくらいの生きものの名前を呼んでいたかという統計はほとんどありませんが、私が民俗学の文献などから推測すると、動物・植物合わせておおよそ６００種程度の人が多かったようです。

それでも全種数から見ると一部にすぎませんが、かつての百姓はそれで世界認識に支障があったとは思われません。たぶん間違いなくそこには、種を積み重ねて自然世界全体をつかもうとする科学的なアプローチとは全く別の世界認識が、厳然として存在していたのでしょう。それは内からの世界認識だと思われます。

このことを前に、池の中のフナのたとえ話で説明しました（48ページ）。かつての日本人は、池の中のフナでした。世界の全容を外から見る視点は持ち合わせていませんでしたが、世界の中は十分知っていました。現代の日本人は、池を外から眺めて、専門別に、生きものの種をカウントしていますが、池の中に入って生きものと一緒に時を過ごすことが少なくなりました。

表　百姓が「確実にわかる」と答えた生きもの種数（ただし100種の動物のうち）

種数	実数（人）	割合（%）
80 ～	5	3.0
70 ～ 79	6	3.6
60 ～ 69	6	10.1
50 ～ 59	6	11.2
40 ～ 49	6	30.2
30 ～ 39	6	24.9
20 ～ 29	6	11.2
10 ～ 19	6	2.4
～ 10	6	3.6

しかし、外からの世界認識を知らなかった先人たちの方が、私たちよりはるかに生きものを知っていたのはどうしてでしょう。池の外から見るようになると、有用性がないものはどんどん見えなくなっていったのです。

くり返しになりますが、「世界をつかむこと（世界認識）」は、外からの科学的な（分類学的な）精緻な種の積み重ねで認識に至る方法と、内からの自分自身と伝統的な共同体の中の、生きものとのつきあいの深さと豊かさを土台とした情感でつかむ方法とがあったのです。こうして、『全種リスト』

によって私たちは外側からの見方と内からのまなざしの違いを議論できるようになったのは、嬉しいことです。科学にとっても新しい地平だと言えるでしょう。それは「ただの虫」と「生物多様性」という概念と、伝統的な世界観の出会いの成果だとも言えるものです。

8 章

生物多様性は誰のためのものか

生物多様性という概念に対して、これもしょせん人間のための有用性の追求の拡大ではないかという批判があります。これに反論できるでしょうか。この章では、生物多様性に匹敵する日本的な概念を探す旅に出ます。

薄羽黄とんぼ（赤とんぼ）の羽化

生物多様性と似て非なるもの

私は「生物多様性」という概念は大好きです。しかし日本の百姓にとっては、これも外来の言葉であり、科学が生み出したものとして、したがって、またしても百姓の要請によってやってきたのではなく、別の魂胆でもたらされてきたのも事実です。したがって、あまり普及していません。

どうして、新しい言葉や思想は、外からやってくるのでしょうか。自然も風景も、生態系も多面的機能も、輸入語です。そのことを批判しているのではありません。それに匹敵する思想が日本の村にはあったのに、それを再発掘するのではなく、手っ取り早く外から持ってくるのが流行なのではないかと疑うのです。

もちろん、これから新しい思想が百姓から、しかも身近な村の中から生まれる例はほとんどないでしょう。外部からもたらされるものが圧倒的に多いでしょう。それは悪いことではありません。問題は、いつも同じところから、同じ見方で、同じ考え方で生み出されて、村に降りてくることにあります。それは「科学」を本拠地にしているために、客観的な装いを凝らしながら、一つの価値観を植えつけてきます。「科学は普遍的で客観的じゃないの?」と思っている人は、大きな誤解をしています。

科学は現代社会では最も説得力のある世の中の見方ですが、かなり偏った一面的な見方であることも多いのです。だからこそ、鋭く深い見方ができるのですが、欠点も大きいのです。それは「特徴」だと言い換えてもいいでしょう。科学の特徴は、自分を世界から切り離して、外側から冷たく眺めます。さらに、時代の精神（とくに有用性）にとらわれます。生物多様性という言葉が出てきたのは、多くの生きものが危機に瀕していることが明白になってきた１９９０年代前半だということは象徴的です。決して、高度経済成長の真っ最中には出てきませんでした。

生物多様性という考え方は、科学的な概念として、アメリカの学者によって１９８８年に使用されました。それが一般に知られるようになったのは、１９９２年6月にブラジルのリオ・デ・ジャネイロで開催された国連環境開発会議（ＵＮＣＥＤ、地球サミット）で、生物多様性条約の調印式を行い、1年間に１６８の国・機関が署名し、翌年に発効したからです。

私が心配するのは、生物多様性という言葉を使うと、この考えに匹敵する日本的な「もの」から目が離れていくような気がするからです。つまり生物多様性は１９９０年代に出てきましたが、これに匹敵する土着のまなざしは、ずっと昔から日本の村にはあったのではないでしょうか。このことを考えてみましょう。

もう数年前です。近所の婆さんが畦草刈りを急に止めて、田んぼの下の道を通って、家に戻っていっています。しばらくすると畦で線香を焚いて、手を合わせていました。そして草刈り機を抱えて帰って行こうとしています。そこで、「どうしたとね?」と尋ねてみました。「いや、シマヘビを切ってしまってね。もう今日は仕事はやめにする」と言います。私は「しかたなかよ。草刈り機じゃ気をつけていても、つい切ってしまうもんね」と慰めます。

ほんとうに百姓はおびただしい生きものの命を奪う仕事をしています。いちいち気にしていたら、身が持ちません。6章でくわしく語ったように、田畑を耕せば草を枯らし、多くの生きものの生きる場を奪います。突然の代かきや中干し、落水、稲刈りにしても、生きものの命を奪います。この哀しみを婆さんはしっかり受けとめて、引き受けているのです。

私なんかは、「いやその程度では絶滅することはない、それも生態系には織り込み済みで、中程度攪乱説に従えば、そういう百姓仕事つまり生態系の攪乱が生きものたちの遷移を止めて、安定に寄与しているのだ。その証拠に、また次の年になれば、同じように草は生え、虫は生まれるではないか」と自分に言い聞かせています。婆さんに比べたら、薄っぺらな世界に住んでいるのです。こうした情念のふるさとと生物多様性とはどう結びつくのでしょうか。

当然のことながら婆さんは「生物多様性」などという考え方は知りません。しかし、生きものへの情愛は、私などよりもはるかに深いのです。現代人が支持する「生物多様性」は自然という生きものの世界を、じつは外側から見ています。

一方、伝統的な日本人は、とくに百姓は、生きものを自分の世界の一員として、内側から見ているのです。この違いはとても大きいと思います。

二つの見方

ここで、思想的な問題を出してみましょう。二つの田んぼがあるとします。

Aの田んぼは生きもの（動物）が10ａに２００種棲息していますが、当の百姓はそのことを知りません。

Bの田んぼでは生きものが30種しかいませんが、耕作している百姓はそのことを気にしています。

さて、どちらの田んぼが豊かでしょうか。

私の結論は、「Bの田がいいに決まっている」です。ところが「生物多様性」という概念を知っている人は、「生きものの種が多いAの田んぼがいいのではないですか」と反論するでしょう。それは、すでに自然を外側から見ているからです。しかもそのことに気づいていないのです。

私の論拠は二つあります。生きものを見つめる百姓のまなざしがなければ、２００種いるかどうか、誰がわかるというのでしょう。次に、生きものの種類や密度だけで、生物多様性の豊かさを計ろうとするのは、科学的なようですが、大きな危険性をはらんでいます。誤解を恐れずに言えば、生きものが大切なのではなく、生きものへのまなざしが大切なのです。生きものが30種しかいないことを気にしている百姓は、田んぼの生きものの世界を豊かに内側から見るまなざしを持っています。Bの百姓は、池の中のフナにもなりきれる人間です。

しかし、生物多様性という外からの見方は、それまで百姓が理論化できなかった、種の多様性に着目しました。このことの貢献は計り知れません。もちろん百姓にだって、生きものがいろいろ、いっぱいいることがいいことだという感覚は内側からまなざしとしてありました。しかしそのことの意味を生物多様性ほど雄弁に語ることはできなかったからです。生物多様性という外側からの科学の言葉は、大きな刺激を百姓と村にもたらしたのは事実です。

ただ、AとBの田んぼの問題は、やっかいな事態ももたらします。ある若い百姓からの反論です。「たしかにAの田んぼの百姓は、生きものを見ていないかもしれないが、生きものは現にちゃんといるのだとすれば、やはりAの田んぼの方が生きものは豊かだと言えるのではないか」。これは多くの人が賛成しそうな言い分です。

これは一元論か二元論かという問題に帰着しているのです。「人類が滅んだ後でも、夕焼けはあるか」という問題に置き換えて考えてみましょうか。私たちが夕焼けと呼んでいる現象は、人類が滅んだ後でも続いているかもしれませんが、それを誰が確かめることができるでしょうか。また人類だけが夕焼けと呼んでいたのですから、人類亡き後に生き延びた狐にその現象は「夕焼け」と認識されるでしょうか。こう考えると、人類が滅亡した後の世界には夕焼けは存在しないと言うしかないのです。これが一元論つまり世界は一つしかないという立場に立つしかない現実です。しかし、二元論では認識する主体と対象は別々なので、人類滅亡後も夕焼けは成り立つような気がします。しかし、悲しいことにこれを見る人がいないのですから、確認しようがないのです。したがって、二元論は成り立たないのですが、そうは言っても、人間とそれが認識する世界とは別々に存在しているじゃないか、という思い込みは、なかなか強いものがあります。まして人類が滅亡していない現代では、二元論が成り立つのではないかと考えている人も少なくありません。これが相当に科学的な見方に染まりすぎている証拠だとも言えます。

たとえば生物多様性を「種の多様性」に絞ってみましょうか。種数が多い方がいいような気がします。いろいろな生きものがいることは、実感としてもわかるような気がします。さらに種数をデータで示されると、説得力は増すような感じですが、実感とは離れていくような気がします。この「実感」とは生きものと顔を合わせて、肌で感じている世界感です。こういう感覚があればこそ、生物多様性も換骨奪胎して自分なりに受けとめ、再解釈して納得することができるようになると思われます。

この実感がないところでは、同じような受容は無理でしょう。そこでは、ひたすらにデータと言説によって理解させるしかなくなります。これは生きものへのまなざしをどう評価するかという問題になります。乱暴な言い方になりますが、虫も見ないで農薬を散布することで被害が回避されたとしても、ほんとうに防除すべきだったのか、もともと不要だったのかはわかりません。その田んぼの百姓がいてもいなくても、成り立つと考えた近代化技術と、Aの田んぼがいいと決めつける科学はよく似ているとは思いませんか。

生物多様性を実感できる百姓にしか、生物多様性は理解できないし、受容できないということです。生きものも見ない百姓に生物多様性は、猫に小判でしょう。しかし、科学は人間のまなざしと関係なく、そこにある世界が別の誰かによって認識されればいいと考えるようです。別の誰かとは、それを研究している科学者でしょうか。それとも神でしょうか。そこには百姓は存在しないことが問題なのです。

くどく言いすぎたでしょうか。「赤とんぼが飛んでる」と子どもが言っています。私は「何という種類かな、何匹飛んでいるかな」という感覚で見ようとします。子どもは「そんなことより、赤とんぼが飛んでいたのよ」と言います。

つい私は、科学的に対象の種や密度に関心を注いでしまうのです。その瞬間にそれを見つめている人間のまなざしを忘れてしまっています。じつは「赤とんぼが飛んでる」という発言は、赤とんぼのことだけではなく、その赤とんぼを見つめる本人のまなざしや、その赤とんぼが飛んでいた時と場所、つまり自分もそこにいた世界全体を語ろうとしているのに、赤とんぼのことにしか興味を示さない社会になろうとしているのではないでしょうか。これが二元論の最大の欠陥です。

子どものとらえ方は二元論ではないことも、もともと人間は二元論ではなかったことの証明になるでしょう。

生物多様性にぴったり当てはまる日本的な概念は存在しない、と言っていいでしょう。しかし、それよりももっと深い生きものへの情愛を込めたまなざしは、ずっと昔から豊かに存在してきました。たとえば、「生きとし生けるものはすべていとおしい」「山川草木悉皆成仏」「無駄な殺生はしてはいけない」「一寸の虫にも五分の魂」「すべての生きものには魂が宿る」などという言い伝えに、それは現れています。

こういうまなざしがもともとあればこそ、生物多様性はただ自然の外側からの視野（概念）にとどまることなく、私たちの中に入ってきて定着するような気がします。いずれにしても科学の側から、一見科学的でない生物多様性という思想が生まれ落ちたことで、世界の多くの地域にあるこうした伝統と出会う場ができ、科学の限界を超えて生きもの世界をとらえようとする働きが生まれることになったとすれば、歓迎すべきことです。そういう意味でこの生物多様性という考え方は育てていきたいものです。

ただ、その日本の伝統的な生きものへの情愛の方もずいぶん衰えてきたのも事実です。このまなざしを復活させようとする試みが、第7章で語った「生きもの調査」です。科学を否定するのはもったいないことでしょう。しかし、科学も人間の情感の上に咲かなければ、冷たいままです。生物多様性は、私たちの生きものへの情感・情愛の土台の上に咲かせるしかないと思います。

有用性を超えることは人間に可能か

自然保護や生物多様性への批判として、人類にとって「有害」なものは保全の対象とせず、しょせん「有益」なものだけに限らざるを得ないのではないかという重要な指摘があります。たとえば、日本住血吸虫の幼虫の中間宿主となる宮入《みやいり》貝の絶滅は危惧の対象となっていません。そうであれば「自然保護は人間保護なのだとはっきり認めてしまった方が、よほどすっきりする」という意見には説得力があります。

しかし、ここで絶滅危惧種を持ち出してすべてを代表させるのは、乱暴ではないかと思います。ただの虫（生きもの）ではこの論理は通用しないでしょう。この論理は、あくまでも科学的に外側から、生きものを見てしまっているのです。

現代では、人間にとっての「有用性」を認識するのは、外側からの認識です。それに対して「山川草木悉皆成仏」などの伝統的な世界観は、内からのまなざしではないでしょうか。ただの生きものを例にとって考えてみましょう。

うっかり田んぼの水を切らしてしまってオタマジャクシが干からびて死んでしまった、という経験は百姓なら珍しくはないでしょう。このオタマジャクシの死骸を前にして、「ごめんよ。悪かったな」と心を痛める百姓が圧倒的に多いという事実をどう考えたらいいのでしょうか。たぶんほとんどの百姓はこの痛恨を他人に語ることはないでしょう。なぜなら、伝える相手もいないし、表現する場もないからです。そういう場など、現代社会では必要がないと考えられているのです。

でもなぜ、百姓は死んだオタマジャクシに「済まない」と感じるのでしょうか。外側から見れば、生きものの死への同情ではないかとか、生物多様性が損なわれることへの危惧ではないかなどという説明も成り立つでしょうが、私はそんな程度のものでは納得できません。今でもほんとうの答えはわかりません。しかし、いつも百姓は田んぼでオタマジャクシと一緒に何十年も仕事をしてきたのです。田まわりのときも、草取りのときも、いつも目に入らないことはありませんでした。自分の世界の一部でした。いや自分も含まれる世界そのものでした。その世界が失われたという喪失感が深く押し寄せて来ます。その原因が自分の百姓仕事がおろそかになっていたことにあるのですから、自責の念よりも、オタマジャクシへの謝罪の気持ちが先に立つのです。

これは現代社会の「有用性」を超えた世界ではないでしょうか。有用であろうとなかろうと、いとおしいと感じてきた世界があります。こういう世界に生きている百姓は、オタマジャクシなどの身近な生きものによって、無意識に人生を支えられてきたと言っていいと思います。これもまた人間にとっての有用性だと言うのなら、それは現代社会に通用している有用性を超えようとしていることなのです。

自然は人間にとって有用性だけの対象なのか

たしかに「有用性」の範囲をどこまで広げるかという問題はありますが、ここでは「蚊」のことを考えてみましょう。

私は農薬、とくに殺虫剤は使わないで暮らしてきました。しかし、未だに蚊は嫌いです。あの羽音を聞くと熟睡できないのです。ですから、昔から冷房のない家ですが、蚊帳を吊って寝ています。しかし、古い家なので蚊がいつも侵入してきます。もちろん体にとまったら、手で叩いて殺しますが、蚊取り線香などの殺虫剤は決して使いません。しかし、蚊にとっては殺虫剤で殺されようと、手で叩き殺されようと同じ死を迎えるのではないでしょうか。

一方私にとっては、殺虫剤を使わないというのは、人間の健康への影響を考えてのことです。つまり手段の違いであって、殺すという目的には何の違いもないのです。それなのに、殺虫剤を使わないということを、いささか誇らしいと思っている自分がいます。近代化された手段を採用しないことを、近代化に対峙するなどと位置づけていますが、蚊の生死にしっかり向き合ってはいなかったような気がしています。問われるべきは、手段の問題ではなく、生を奪おうとするその気持ちのあり方ではないでしょうか。近代化を問うとは、そこまで降りていかなければならないのではないでしょうか。

ところが、『害虫の誕生』（瀬戸口明久著、ちくま新書）という本で、かつての日本人は蚊を殺さなかったことを知りました。私は昔の偉い坊さんやガンジーなどを蚊を殺さなかったというだけで尊敬していたのですが、私たちの先祖も１００年さかのぼれば、蚊など殺さなかったのです。そうか、引き受けて生きるとは、こういうことだったのだ、と深く納得しました。科学的な精神では、この壁を越えられないと思います。

生物多様性以前、自然以前のこと

三蔵法師が持ち帰ったサンスクリット語の「経」を中国語に翻訳するときに、原典にはなかった「自然」が多用されていることが明らかになっています。もっともこの場合の「自然」とは、自然環境の意味ではなく、自《おの》ずから然《しか》るという意味ですが、それは老子や荘子の思想の影響でしょう。このことが、日本人に大きな影響を与えたことは、親鸞の「自然法爾《じねんほうに》」などを見れば明かです。

現代でもそうです。有機農業よりも「自然農法」の方が、①自然である、②自然にやさしい、という印象があります。①は自ずからなるという意味の「自然な」という意味であり、②は Nature の翻訳語の自然です。ところで、「自然石」というのは、①の意味でしょうか、それとも②の意味でしょうか。どちらともとれます。①と②が融合していると言えるかもしれません。

くり返しになりますが、百姓が②の「自然」を使い出したのは、戦後のことです。そしてその意味には①が含まれているのです。ところが、日本農学や日本農政が「自然」を使い始めたのは、明治時代です（もっとも②が日本に普及したのが明治30年代だったのだから当然でしょう）。

科学や農学は、かなり早い時期から、②のみを使ってきました。この場合の「自然」は、①自ずからなるものではなく、人間の外にあり、人間を含まず、人間と対立するものでした。

ひとつの例をあげて説明しましょう。「夏雲霞《なつうんか》」と呼ばれている稲の害虫がいます。これはほとんどが背白ウンカという虫ですが、夏の時期の雲霞の総称です。6月に田植えする西日本各地では、主に6月後半から7月に中国から飛来する雲霞に対して、虫見板使用の減農薬以前には必ず農薬を散布していたのです。ところが、農薬を控えてみると、この夏雲霞の被害はほとんどないことがわかってきたのです。この時期は稲の生長が早く、一株に50〜100頭の幼虫がいても平気でした。

私が年配の百姓に「夏雲霞はたいしたことはないですね」と言うと、「以前から夏雲霞は肥やしになる、と父親が言っていた」と返事をしてくれました。どういう意味かと尋ねると、「被害はないので、放っておくと、稲がまるで雲霞を栄養にしたようにどんどん育っていく、という意味だと、この頃になって私もわかったんだ」と答えてくれたのです。

これは農薬が登場する前の百姓の実感をよく表現していると思います。もちろん要防除密度などという考え方はなかった時代のことです。百姓はただ見て、眺めて、祈ってやり過ごすしかなかったでしょう。その経験のなかで、夏の雲霞（当時は決して背白ウンカだけを指していたのではなかったのですが）は心配することはない、稲の方が優って、その後もちゃんと成育していく、という経験が蓄積されたのだと思います。私も在所でもう30年あまり、背白ウンカの防除をしていない多くの田んぼ見てきましたが、たまに被害が出るとしても、大飛来の年に、田んぼの隅がほんのわずかに数株枯れる程度です。そういう被害も村の中ではほんとうに希でした。

このことは何を意味しているのでしょうか。2011年は少なくとも福岡県の私の村では、中国からの雲霞の飛来がとても少ない年でした。仲間の百姓は「少しは来ないと天敵が困っている」と真顔で話します。こういう声が百姓から出始めたのは1980年代の後半からだったように記憶しています。

私はこういう気持ちの百姓の思想は、決して農学的ではないと思います。害虫が発生しないと、天敵が増えません。天敵が少ないと翌年の害虫の発生に影響する、というような害虫中心の論理で考えているのではなく、天敵という生きものがかわいそうだというもっと根源的な感性ではないでしょうか。「害虫・益虫・ただの虫」という分類以前の、そこにいる生きものへの情愛の延長にあるものでしょう。

「夏雲霞は肥やしになる」という言葉は、百姓が自分と稲と雲霞の関係を、夏の田んぼという世界のなかで、体で実感している気分に満ちています。この伝統の延長線上に「雲霞も少しは飛んで来てほしい」という現代の百姓の言葉があるのです。

自然とは「そこに、いつも、あたりまえに生きものがいること」です。それは自然にそうなることが理想的だと思う伝統的な感覚、つまり①なのです。

生物多様性はいつのまにか「いろいろな生きものがいる方がいいんじゃない」というようなまともな理解をされています。決して環境省が言うように、遺伝子レベル、種レベル、生態系レベルの多様性などという小賢しい理屈を理解しているのではなく、もっと深く広い日本的な伝統と接合させて理解しているのです。

生物多様性の行方

生物多様性は経済によって傷つけられたと言ってもいいのですが、それだからこそ経済に対抗する論理として華々しく登場し、新鮮な風を吹かせたのです。ところが、科学は時代によって利用される、という常識どおりに、経済によって利用されようとしています。

生物多様性を論議する中で、この1、2年「生態系サービス」という言葉がよく使われるようになってきました。政府の「生物多様性戦略」に使用されたのがきっかけとなったのでしょう。私はこの言葉を最初に聞いたときに、とても驚きました。なぜなら、生物多様性はそれまでの有用性に凝り固まっていた生産に、有用でないものも大切だという刃を突きつけたから、受け入れる意味があると思ってきたからです。それなのに「わが国の生物多様性の状態を現状以上に豊かなものとするとともに、人類が享受する生態系サービスの恩恵を持続的に拡大させる」ことが生物多様性戦略の目標に設定されているのです。

生態系サービス（ecosystem service）とは、「人々が生態系から得ることのできる、食料、水、気候の安定などの環境の便益」を指しています。私たちの生活は、「健全な生態系を基盤とする各種の生態系サービスに支えられていて、この生態系サービスが低下すると、世界の経済活動を弱体化させることになるので食い止めないといけない」のだそうです。

とうとう自然までもこんなにあからさまに経済成長のために奉仕させるのかと、私は腹立たしく思います。生物多様性の清新さは、有用性を超えたからではなかったでしょうか。あるいは有用性の範囲を経済以外にも広げ、文化との接合も視野に入れる可能性を示したからではなかったでしょうか。私たちの生きている世界は、人間にとって有益なもの有害なものよりも、ただのものが圧倒的に多いのです。そのただのものに、できるだけ有用性（経済性）を発見しようとするのが生物多様性なのでしょうか。その程度の生物多様性なら、たいして意味はないでしょう。

たしかに「生物多様性」とは、「自然」という見方を身につけた、つまり自然を外から人間だけの目で見るようになった、しかも科学的な見方ですから、どうしても人間中心主義の枠から抜けられません。ですから生態系サービスという方向に向かってしまうのかもしれません。そうした概念としての生物多様性は、大いに批判の的になるでしょう。しかし、それにもかかわらず私は生物多様性を手に入れることによって、ずいぶん経済中心主義は是正できるのではないかという期待を失いたくありません。

9 章

農の世界こそ情愛と美のふるさと

この章では、なぜ私たちはある種の生きものや風景を見て「美しい」よりも「きれい」と感じるのか、また、なぜ百姓に限らず、人間は花に引かれるのか、その深い源をたずねていきます。

彼岸花の開花

美を生み出す百姓仕事、美に無関心な農業技術

まず、農業技術（ほとんどが近代化技術です）というものは、ほんとうに美に無頓着というか、鈍感なのはなぜか、という問題を考えましょう。代表的な例を取り上げます。

田んぼや畑の圃場《ほじょう》整備が行われると、村の風景は一変します。あまりに画一的な長方形の田畑ばかりになってしまうからです。かつてはそれが、近代化という進歩発展の象徴であり、新しい美意識を植えつけようとしたものでした。広々とした四角形の田んぼは、農業生産の効率を上げることができ、大型機械を駆使することができ、豊かな所得を得ることができるという夢を体現していたのです。それは新しい美だったのです。

近代化が約束したものは、所得と便利さ・快適さ、そして合理的な精神でした。言葉を換えれば、人間の新しい欲望の充足と、それに対する科学的な裏付けでした。その結果、美や情愛や自然が失われても、あまりある獲物があると言わんばかりでした。ところが、どうでしょう。今日では、山あいの棚田の美しさは愛でられるのに、平坦地の広々とした近代的な水田地帯の美しさは、観賞の対象としては採りあげられることはあまりありません。単調で殺風景だというだけでなく、効率を求めるあまり、元の地形に合わせた不規則な様々な形の田んぼの美しさが失われている、と酷評されることすらあります。

また最近、農水省のホームページを見て驚愕したのは、環境保全型農業の優良事例として、畦を黒色のマルチで覆った写真が掲げられていたことです。青々とした稲田にはあまりに不釣り合いな風景でした。こうした美への姿勢の違いはどうして生まれるのでしょうか。

理由は二つあるでしょう。まず、近代的な技術には美意識自体が含まれていません。近代化自体がいいものでしたから、美などは無用だったのでしょう。それに対して伝統的な百姓仕事には、伝統的な美感がありました。「草が伸び放題の田んぼや畑は見苦しい」というような美感です。それは自然との関係がうまくいって、毎年くり返されて、変化しない状態の安堵感から体得された美感でしょう。近代化技術はいかに自然を利用するかという欲望が強すぎるために、自然との協働の気持ちが育ちませんでした。畦道に散布される除草剤や畦のマルチが生み出す見苦しさは、その典型でしょう。

つまり人間と自然の関係があまりに人間本位になると、かえって美が失われるということは、大事なことを教えてくれます。美とはもともと自然の中にあったということです。その自然との関係で人間が優位に立たなければ、美が失われることはないということです。そういう美意識を人間は身につけてしまった、と言うべきかもしれません。

もう一つの理由は、見慣れたものの美しさです。たしかに見慣れたものの美しさは、普段は意識しません。それが失われたときに気づくことがほとんどです。私は彼岸花は田んぼに一番似合うと感じます。正確に言えば、稲の姿と畦によくとけ込んで違和感がありません。これは休耕田となって、荒れ果てた田んぼの畦にかろうじて咲いている彼岸花に美しさが失われていることを発見して、主のいない寂しさやわびしさをことのほか感じた経験によって、さらに強まりました。これが田んぼでなく、庭先や畑や墓場であれば、あってはならないものを見たような感じに襲われます。それほどに私は田んぼの畦に稲とともに彼岸花を見てきたので、それでなければ落ち着かないのです。それが一番「きれい」と思うのです。これもまた、そういう美意識を人間は身につけてしまった、と言っていいでしょう。

近代化の成果は新規の見慣れないものばかりです。もっともそれも年月がたてば落ち着いたものになるのでしょうが、「近代化遺産」に指定されているものは、滅んでいこうとしているものばかりです。あまりにも寿命が短いと言うべきでしょう。「昭和レトロ」と呼ばれているものは、すでに懐かしいもので残したいと思いますが、きれいなもの、美しいものというにはふさわしくありません。

百姓の美意識

百姓に「あなたの美意識を教えてほしい」と言っても、戸惑うばかりでしょう。そのわけは、美などは意識するものではなく、感じるもの、いや感じるという感覚すらもなく、ただまなざしを向けているだけ、というものであるからです。それでも百姓も「きれいだ」とつぶやくことがあります。この「きれい」という言葉と「美しい」という言葉は、ほとんど同じ意味ですが、使われ方はかなり違います。

小林秀雄の『當麻《たいま》』という作品に「美しい『花』がある、『花』の美しさといふ様なものはない」という有名な一節がありますが、柳父章は『翻訳語成立事情』（1982年）の中で、「確かに、かつて私たちの国では、花の美しさというように、抽象概念によって美しいものをとらえようとする言い方も乏しく、したがってそのような考え方もほとんどなかった。花の美しさ、というようなことばや考え方を私たちに教えてくれたのは、やはり西欧渡来のことばであり、その翻訳語だったのである」と説明し、「美」もまた明治以降の外来語（翻訳語）だと言っています。

同じようなことを佐々木健一も『美学への招待』（2004年）で、こう言っています。「不思議なことですが、われわれは美しいという言葉をほとんど発しません。女性に向かってさえ、美しいなどとは言いません。綺麗とは言いますが、美しいとは言わないのです。まるでそれは外国語であるかのようです。

……『うつくしい』はれっきとした日本語の単語で、造られた訳語ではありません。……藝術美について、『美し』いという単語が用いられた例は、古い日本語の時代にはおそらくありません。……beautiful の訳語として以外に『美しい』という単語を知らないせいではないのか、……そうなると、単語としては古来のものであるが、現代語の『美しい』はほとんど訳語だ、というべきなのかもしれません」

古語の「美しい」は立派であること、見事なことを指していたと言われていて、現在の意味とは違います。要するに「美しい」という言葉は明治時代以降に使われるようになり、それでも日常生活ではあまり使いにくい、バタ臭い翻訳語みたいな言葉だったのです。私たちは昔も今も、美しいという言葉ではなく、「きれい」という言葉を使ってきたのです。

話を小林秀雄に戻して整理すれば、こうなるでしょう。水田や青田の美しさがあるのではなく、気持ちのいい、見事な、きれいな水田や青田がそこにあるだけなのです。美しさよりも、それ自体がいとおしく、心地よい感情を「きれい」と表現したのです。それは「美」や「美しさ」よりももっと深い幅広い情感なのです。もの自体がいとおしいから、そこから「美」などを分離させることがない、と言っていいでしょう。田の美しさよりも、田んぼそのものがいとおしいのです。子どもが美人かどうかよりも、子どもの存在自体が嬉しい、というようなことに似ています。だからこそ、百姓にとって「美」の発見は簡単ではなかった、とも言えるでしょう。

「きれい」の根底にある感情

美は対象から分離できる抽象的な概念ですが、きれいは対象から切り離せない、と言うことができます。この感覚の違いはなぜ生じたのでしょうか。それを百姓の風景をとらえるまなざしで説明してみましょう。

全国各地に「夕焼けは鎌を研げ」ということわざがあります。夕焼けは明日の晴天を約束してくれる天気予報ですから、鎌を研いで、明日の朝からの百姓仕事の準備をしておけというものです。不思議なことに風景を観賞することわざはないそうです。必ず仕事に結びつけられています。北国の山の雪が溶け始めていろいろな動物の形に見える「雪形」もその姿を観賞するのではなく、そういう形に見え始めたら、種を浸けよ、田を耕せ、田植えを始めろ、などという仕事の合図だと受け止めたことわざばかりです。

しかし、百姓はほんとうに風景を観賞することはないのでしょうか。このことを田んぼを例にとって説明しましょう。たとえば真夏の青々とした田んぼの風景が目に入ってきても、百姓はまず「今年はよく分けつしているな」と稲のことを気にかけます。次に「そろそろ中干しの時期だな」と仕事のことを考えます。たしかに「この時期の田んぼの色は勢いがあっていつ見

コスモスの開花

ても気持ちがいい。きれいだ」という風景からの情感も受け止めているのですが、人に語ることはありません。したがって、「ただの風景」は表現されず、眠ったままです。未発見だと言ってもいいでしょう。

つまり風景の観賞よりも、わが子である作物のできや、これからの手入れへの思いが先行して、風景の観賞は行っていないわけではないのですが、後回しになるのです。

しかし、だからこそ、百姓にとって風景とは単なる美しさではなく、まるでわが子のような対象と切り離せない情感なのです。だからこそ、「美しい」よりも「きれい」がふさわしいのです。

このことを別の角度から見てみましょうか。コスモスと背高泡立草を比べてみましょう。ある生態学者が背高泡立草もアメリカの園芸種だからコスモスに劣らず美しい、と主張していました。それなのになぜ毛嫌いするのかと怒っていました。これは面白い指摘です。もし草から「美」だけを抽出できるなら、この意見も成り立つでしょう。しかし私たちはこういう感覚で花を見ているのではありません。コスモスは人間の手入れによって花開きますが、背高泡立草は人間の手入れが届かないところでだけ花開きます。ということは、荒れた場所に咲く、荒れ果てた証拠として私たちに迫ります。ある村では「背高泡立草を一本も見かけない村づくり」がスローガンになっていました。

これは背高泡立草を嫌悪しているのではなく、手入れが放棄された田畑の荒廃を嫌悪しているのです。そういう場所にたまたまこの侵入種が入り込みやすかっただけの話です。背高泡立草はそういう場所とセットで現れた以上、きれいな花になり得ないのです。花だけを見れば、さすがに園芸品種だけのことはあって華やかさも感じられますが、美感とはそういうものではないのです。

道ばたの野の花は、何のために咲いているか

田んぼの畦に彼岸花が咲いています。しかも百姓がいつも歩く部分ではなく、少し脇によけて一列に咲いています。なぜこんなに全国各地どこに行っても、田んぼの脇に彼岸花が植えられているのでしょうか。彼岸花は中国の揚子江中流域が原産地で、弥生時代に稲とともに日本に渡来したと言われています。最近の説では、稲のジャポニカ種の原産地もこのあたりだと言われています。彼岸花を畦に植えたのは、飢饉のときに備えてという説と、モグラ除けという説が有力です。たしかに彼岸花の塊茎を潰し、水に2、3日さらした後、調理して食べると食

彼岸花が咲く畦

べられます。ほとんどがデンプンで風味はありませんが、飢饉のときには役立ったでしょう。しかしそれなら飢饉の後では、彼岸花は絶滅してもおかしくないのに、そういう事例はありません。また彼岸花が咲いている畦でも、モグラは結構活発に活動しています。

　彼岸花を畦に植えたのは、他にほんとうの理由があると私は思います。まず稲を伝えた渡来人にとって、彼岸花は稲とともにふるさとの生きものだったのではないでしょうか。彼岸花が咲く田んぼで育った渡来人は、彼岸花を稲と一緒に携えて日本に渡ってきたのかもしれません。その渡来人の情愛が日本人に伝えられたのかもしれません。しかしこれは証明しようがないのです。日本人が赤とんぼを好きな理由とも通じるものがあります。

　彼岸花をもたらした渡来人の情愛の影響を受けたかどうかはともかくとして、弥生人以降の日本人は、彼岸花をきれいだと思ったのではないでしょうか。そうでなければ、日本全国にこのように植えられるはずはないでしょう。さらにそれに輪をかけたのが「彼岸花」という名前です。もちろんこれは仏教が伝来して「彼岸」という思想が行き渡った後の命名でしょう。しかし「暑さ、寒さも彼岸まで」ということわざがこれも全国各地にあるように、毎年決められた季節でも、「秋分の日」というとくに大切な時期に、花を咲かせるこの花に特別な感情を抱くのは当然なような気がします。秋の秋分の日を境に、夜の長さが昼よりも長くなり始めます。季節の重要な転換点なのです。こういう日の前後に咲き乱れる真っ赤な花に特別な感情を抱かないはずがないでしょう。

百姓は意識的に、畦にこの花を植えて殖やしていったのだと思います。したがって、やがて墓場や道ばたにも植えられるようになっていきます。彼岸花を意図的に植えた証拠になるかどうかわかりませんが、日本では彼岸花は赤い色の花しかありません。時には突然変異と思われる白花もありますが、赤い色を選んだとしか思えません。なぜなら原産地では様々な色の花が咲いているそうです。西洋に伝えられた彼岸花は品種改良が進み、リコリスという名前で輸入され販売されています。

また彼岸花は「ハミズハナミズ」と呼ばれており、花の時期には葉が出ていないので「葉見ず」で、葉の時期には花は咲かないので「花見ず」と言うのです。冬の畦でひときわ新緑で目立つ彼岸花の葉に、寒さに負けない深い生命力を感じないわけにはいきません。この力強さも好まれた理由かもしれません。

それにしても、日本の田んぼの彼岸花は種ができません。そうすると株分けで植えるしかないのです。百姓から百姓へと手渡され広げられていったのです。この情念こそが、「きれい」の本体なのではないでしょうか。

彼岸花を植え直している百姓

圃場整備をすると、それまできれいに咲いていた彼岸花が咲かなくなります。田んぼの区画を広げて、労働生産性を上げるのが目的なのですから、彼岸花には目もくれません。造成工事では平気で畦の彼岸花を掘り起こして、埋め立てていきます。それに対して、あえてもう一度彼岸花の塊茎を拾い集めて、植え直している百姓がいます。それはどうしてでしょうか。彼岸花の咲く世界がなくなるのが寂しいのです。何か大切なものが失われたような気がして、胸が痛むのです。この情感とは何なのでしょうか。

たしかに彼岸花に囲まれて百姓仕事をしてきた身には、寂しい感情も湧くでしょうが、そもそも初めて彼岸花を見たときからそういう感情があったとは思われません。たぶん最初は異様な花だと感じたのではないでしょうか。それなのに、それを大切に植えている人間（たぶん渡来人）がいることも不思議だったのではないでしょうか。しかし、数年経つとその彼岸花の風景も段々と馴染んできて、「そうか、稲のふるさとでは、稲と彼岸花は一緒に育っているのか」と感慨深げに眺めるようになっていったのではないでしょうか。それが日本全国に広がっていくのですから、すごいことです。

水田稲作が佐賀県唐津市の菜畑遺跡に渡来してから、青森県の垂柳《たれやなぎ》遺跡に伝わるまで、約１５０年かかっています。これを長いと感じるか、短いと感じるかは議論が分かれるところですが、私は彼岸花はもっと時間がかかったのではないかと思います。しかし、稲だけでなく、彼岸花も村から村へと、百姓から百姓へと伝えられていったのです。「きれい」という情感を伴って伝えられていったのです。

稲は食料として、有用性が実感できます。しかし、彼岸花はどうでしょうか。ここには有用性を超えたものがあったと私は思います。

百姓はなぜ花に引かれるのか

今年も刈った稲株を架け干しする竹に架けていきます。畦際の株にはしおれたミゾソバのピンクの花が稲と一緒にくびられています。一瞬かわいいと思います。しかしすぐに次の株に手がかかります。そしてこのことをすぐに忘れてしまいます。私もこうしてここに書きつけないなら、また来年の架け干しのときまで忘れているでしょう。この一瞬の情愛こそが、大切なものではないでしょうか。こうしたささやかな情愛が百姓仕事によって生まれ、百姓の体に充填されていくのです。

しかし、そこに花があるだけで好きになるのでしょうか。人類が誕生して約13万年経ったと言われています。その間、遺伝子は変化していないのに、約4万年ぐらい前に大きな精神面の変化があったのです。この頃から石器のつくり方が高度になり、装飾品や偶像や洞窟壁画が現れるのです。芸術活動や儀礼活動が始まったと考えられています。現代の人類の先祖ではありませんが、イラク北部の約6万年前のシャニダール洞窟でネアンデルタール人の埋葬跡から大量の花粉が発見され、世界的にセンセーションを巻き起こしました。もう50年ほど前のことです。花はノコギリソウ、スギナ、アザミ、ヤグルマソウ、ムスカリ、タチアオイなどの8種でした。花で飾った死者を葬っていたことで、それまでの野蛮なネアンデルタール人のイメージは大転換したのです。

このように花に引かれる動物はヒトに近いと考えられます。つまり花を愛でるからこそ、人は動物から人になったのだと思いたいのです。いずれにしても、現在の人類もまた、4万年ぐらい前から、花を愛でるようになったのでしょう（まだそれを証拠づける発見はありませんが）。このことは人間の花に対する情愛は遺伝子に組み込まれているのではなく、後天的に獲得されたものだという説を有力にします。私たちも、花が好きなのは生来の性格ではなく、教えられ、伝えられ、どこかで学んだものでしょう。

次に、農業の発生が花と人間の関係をさらに深めたと考えられます。これもまた定説はないのですが、佐藤洋一郎の説くところを引用すると、次のようになります。農業が始まると、森が焼かれたり、切り開かれたりします。そうすると畑や草原が現れるのです。畑や草原では当然、作物や草の花が咲きます。森では見られなかった花が、それも広々としたところで大量に咲き乱れるようになったのです。そこでヒトは花に引きつけられやすくなったというのです（『人はなぜ花を愛でるのか』八坂書房。この本はとても面白い内容でしたが、結局表題の解答は得られませんでした）。

次に大切なのは、農業の相手は何よりも作物です。その中でも穀物や子実、果実を食べることに着目しました。当然穀物や果実は花が咲かなければ、実りません。花が咲くことが実りの前提で、予兆なのです。したがって、単にきれいでは済まされなくなったのではないでしょうか。花を愛でる文化は、たしかに農業が始まる前からあったと思われますが、少なくとも本格的に花をきれいだと感じるようになったのは、農業の開始からではないでしょうか。花を愛でるのも農耕文化だと思います（もっとも穀物や果実よりも先に芋の栽培が先行したという説もあります。栄養繁殖する芋の花に対しては私はどう考えていいかまだよくわかりません）。

このように、人間が花に引きつけられるようになった起源をさかのぼっても、ほんとうのことはよくわからないというのが、現代の定説です。そこで、考古学的な遺物に頼る過去ではなく、しっかり証拠が残っている過去に戻って考えてみましょう。

桜は西洋でも人気が出てきている花で、各国の公園に植えられているそうですが、今のところ花見の習慣はないそうです。満開の桜の花の下で立ち止まってしばし見とれている人も少ないそうです。しかし日本でも桜の花見の習慣は江戸時代に始まったといわれています。これは花見の習慣が文化的な、後天的なものだということを証明しているようです。

しかし、桜という和語はどういう意味があったのでしょうか。サクラの語源は、サとクラに分けられて説明されます。サは「サナブリ」「早乙女」「早苗」と言うときのサで、穀物の神、とくに稲の神を表しています。サナブリとは、田植えが終わり、「サ」が田んぼに舞い降りて居座ってくださったお祝いで、全国各地で現在でも行われています。早乙女のサは女の方が稲の神様の力を苗に込める力が強いと考えられていた時代の呼称です。田植えをするのは女に限るのです。早苗も稲の神が宿る苗の敬称です。

クラとは、座のことです。座る場所のことです。馬の背にかける鞍も同じ意味です。御所で天皇が座る座を、「高御座《たかみくら》」と言います。つまりサクラとは、稲の神様が座る場所という意味です。春になると山に山桜が咲き始めます。田植えの準備にかかる時期です。「今年も稲の神がやって来られた」と感じ、そのサクラの枝を伐ってきて、田の畦に立てて、サを迎えたのです。こうして田をつくる百姓にとって、桜は特別の価値を持つ花となり、やがて花見の習慣を生み出していくのです。これも後天的な文化ですが、田を起こしたり、種籾を水につける時期に咲く山桜に、春を告げる印を感じる感性は仕事や暮らしと切り離せない百姓の感性を表現していると言えるでしょう。花は天地（自然）のメッセージなのです。

さて、もう一つの有力な手立ては、現代の私たちの習慣や情愛をしっかり見つめてみることです。

もう一度、7章の「ただの虫」の話を思い出してください。私は155ページのような表を書けるようになったことが、とりもなおさず世界全体へのまなざしを回復したことになると言いました。たしかに稲との関係から見れば、害虫・益虫・ただの虫という分類が生まれました。稲にも花粉を集めにやって来る蜜蜂は、この分類では益虫ということになるでしょう。しかし、それは私たち人間がそう分類しているのであって、そのように世界を見ようとしているのであって、稲はほんとうにそう見ているでしょうか。

稲にとっては、害虫・益虫・ただの虫は区別され、差別されているでしょうか。害虫は嫌いだが、益虫は好きだ、ただの虫はどうでもいい、と思っているとは考えられません。稲はすべての生きものを引き受けていると思われます。もちろん害虫からかじられたり、病原菌が侵入したら、防御反応を示しますし、自家受粉するのでやって来る蜜蜂などは無用なのに、拒否したりはしません。そもそも、それなら花粉をそんなに籾殻の外にこれ見よがしにはみださなくてもよさそうなのに、と思います。

この稲を「花」と言い換えるとどうなるでしょうか。花は虫と人間を区別していないことになります。寄ってくるものをすべて引き受けてしまうのです。これが生きものの本性だと私は思います。このことは次に紹介する、明治期の日本人は害虫という概念を持っていなかったこととも通じることでしょう。

多くの花は人間を拒絶しないのです（もちろん、ごく一部に毒のある花もありますが）。このことはとても大切なことではないでしょうか。

「害虫」は昔からいたのか

私はかつて、カンボジアの村に通っていました。そのときに一番衝撃を受けたことは、「害虫」という言葉がなかったことです。いくら稲についている雲霞を指さして、「これは害虫でしょう」と主張しても、「それは悪い虫ではない」と言うのでした。虫で被害を受けたことなど、一回もないからだったのです。しかし、そのカンボジアでも農薬を散布し始めると、雲霞が害虫化し始めています。つまり「害虫」という概念は決してどこにでも通用する普遍的なものではなかったのです。

しかも当時の私は、日本では昔から雲霞の被害を受けていたから、「害虫」という言葉は古くから日本の村にはあったと思っていたのです。それが思い違いであったことがわかったのは、前に紹介した『害虫の誕生』を読んでからです。「害虫」という言葉と概念は、明治時代になって、日本農学によって、村に持ち込まれたものだったのです。それは「防除」という思想とセットになったものだったと初めて知りました。「害虫」という概念は新しいものだったのです。

それまでの百姓は、虫による稲や作物の被害を、天災だと信じてきました。たしかに鯨油による「除蝗」は西日本の一部で行われていましたが、同時にどの村でも「虫追い」で退散を願う行事は行われていました。言葉を換えれば、引き受けてきたのです。

明治時代の農学者はそういう百姓の態度を「無知蒙昧で、遅れている」と考えたのです。「防除」や「害虫」とは、自然を人間が克服する対象としてとらえたときに、初めて生まれた近代化思想でした。それは早晩「農薬」の開発と使用に結びついていきます。農薬と言えば、戦後になって使用されたと思っていましたが、戦前から「官の指導」で使用されていたのです。「共同防除」と「一斉防除」の悪弊の根はここまでさかのぼるべきだったのです。

このように害虫という概念が宿れば、害虫とそうでない虫を区別するようになります。そして益虫・天敵という概念も、じきに生まれてきます。そしてただの虫という概念に行き着くのです。害虫という概念がなければ、防除・駆除の思想も技術も生まれません。もちろんそういう科学研究も行われません。防除・駆除しか見えなかった理論（思想）では、ただの虫という概念は生まれませんし、そういう世界は見えません。田んぼの生きものへのまなざし、とくに害虫も含めて生きもの全部へのまなざしがただの虫を発見したのです。このただの虫という存在を無視できないという思想（理論）によって、生きもの世界全体を保全する技術が研究され始めるのです。

こういうことを科学哲学では「理論負荷性」と呼んでいます。科学は中立的ではなく、その理論によって見える世界が決定されるのです。その理論では見えない世界が、別の理論では見えるのです。そういう理論を持っているからこそ、そういう世界に見えると言い換えてもいいでしょう。決して普遍的でも客観的でもないのです。

私たち百姓は虫を見ると「害虫」かそうでないかを真っ先に気にします。これは近代化精神であるならば、それ以前に戻らないと、生きものとの関係は取り戻せないのかもしれません。江戸時代の学者本居宣長は、世の中のことは何ごともみな「神のしわざ」であり、その中には当然、悪いことも災いも入っているので、どうしようもない、そのどうしようもないことを悲しむからこそ、安心が得られる、と説いています。神のしわざとして引き受けるとは、現代人にはなかなか受け止めにくいことですが、東日本大震災のことを思えば、そうするしかないような気がします（原発事故は別です）。

災いも引き受ける精神とは、自然世界の中に同化してきた人間だからこそ身につけることができたのではなかったでしょうか。

人間の情愛はどこからやってきたのか

さて、人間と虫と花の関係を、花の方から考えてみましょうか。花がその色や蜜の力で、虫を引きつけるのは、受粉を助けてもらいたいからです。そのように進化したと考えられています。しかし、どうして人間まで引きつけてしまうのでしょうか。人間を引きつけていいことがあるのでしょうか。むしろ飾られるために手折られてしまうのがおちでしょう。

きれいな花は手折られはしますが、また来年も手折るために保存されることになり、結果的に大切にされることになります。しかし、すべての花が目立ってきれいではありませんから、たぶん花は人間のことなど期待してはいなかったのでしょう。

むしろ人間の方がなぜ花に引きつけられる生きものに近いかを考える方が自然でしょう。花が引きつけようとした生きものの一員が人間だとは考えられないでしょうか。いや、そう感じることができるのではないでしょうか。人間はこのことを忘れています。そして「無意識に引きつけられる」と言います。これが立派な証明ではないでしょうか。ところが、もしそうなら「だからそれは生きものとしての人間の本能だということになる。ＤＮＡに組み込まれているのだ」という主張が息を吹き返してくるかもしれません。

しかし、先ほどから、「花」と一括して考えていますが、これはかなり偏ったくくり方です。この場合の花は、かなりきれいな花を想定していますが、花には花弁が目立つ大きさや形や色のものばかりではありません。また香りも様々で、香りのないものも少なくありません。生物学的な花ならそうでしょうが、私たちは花というと目立つ芳香のある花で代表させてしまうのです。それでいいのだと思います。それが人間という生きものの感性だからで、これこそが文化なのです。花は突然、色や形や香りを伴って目の前に現れます。そう感じて、見つめるものだけが「花」なのです。

このことは人間の情愛の根源が生きものとしての本能に見まがう文化であることを示しています。一昔前の人間には、つまり近代化が行き渡る前の人間には生きものの声が聞こえ、生きものと話ができたのは、引き受け愛しむ文化を人間が形成したために、人間と人間以外の生きものとの間の垣根が、とても低かったということではなかったでしょうか。

石牟礼道子と島尾ミホのとても魅力的な対談集『ヤポネシアの海辺から』（2003年、弦書房）より一部を引用します。

石牟礼　夕方などにごおーっと風が鳴ってきたりしますと、ああ、山が呼びよるという気がいたしまして、ああ行かなくちゃと思うんですよね。

島尾　山は風が強い日は鳴りますから。

石牟礼　もうそこへ行きますと、木々が手というか枝をいっせいに上げておりますから。

島尾　椎の木の葉が風を受けて白い葉裏を見せて、白い波のうねりのように動いていきますのは、とてもきれいでございますね。

石牟礼　あれを見ておりますと、私はむかし木であったというふうにやっぱり思ったりいたします。（笑い）私、来ましたっていう感じで。どう言えばよいのか、友達よりももっと近い感じです。海から来ましたって軀がいうんですよ。それで、はじめて見ましたヒルギの苗が渚の中に、一面に根づいているのを見ましたとき、ああ私も元は、こんなふうに生えていたのかっていう感じがいたしました。

こういう人が昔は多かったのです。もっともそれを石牟礼や島尾のように表現しようとする人はまれでした。これから先は、もう誰もいなくなるのでしょうか。

百姓の情愛は受け継いでいけるのか

地元の小学2年生の授業で、秋を感じる花を尋ねたところ、圧倒的に多かったのはコスモスで、彼岸花が一人、ススキが二人、キンモクセイが二人だったそうです。子どもたちのまなざしがどこに向いているのかよくわかりました。

かつて子どもたちの遊びの相手をしてくれた「赤まんまの花」つまり犬蓼《いぬたで》の赤い花や、畦や道ばたに咲き乱れる「野菊」つまり嫁菜の紫の花や、彼岸花と並んで畦を彩る薄紫のツルボの花や水路や田んぼの畦際に咲くミゾソバの紅色の花などは、もう決して田舎の子どもたちのまなざしの中には浮かんでこないのでしょうか。

これは見事に現代の百姓の大人たちのまなざしを再現しているにすぎません。野の花の観賞が小学校で採りあげられることはまずないでしょう。田んぼの生きもの探しだって、まれに行われているだけです。これはもともと学校教育で行うものではなかったのです。たしかに改正された教育基本法では、本来家庭や地域で行われていた、自然を愛する心や郷土を愛する心を教育するように定められていますが、それほど家庭や地域の力が衰えていることを証明しているようです。

私たちが家族とともに毎日暮らしている場から、こういう情愛が追放されているのです。もちろんそういうものに目を向けているよりも、経済に目を向ける方が役立つのでしょう。

通学路の脇にいつも咲いていた花は、道路や歩道や側溝が舗装されると姿を消します。田んぼの上の赤トンボや銀ヤンマや燕や雀も、田んぼの畦の彼岸花やアザミやキンポウゲも田んぼが埋め立てられてコンビニになると見えなくなります。野の花よりもトンボよりも、そして田んぼという自然よりもコンビニが大切な社会なのです。そのように子どもたちは学びます。こういう「教育」を社会では行っておきながら、学校で自然を郷土を愛する精神を教育するのはかなり大変なことでしょう。先生たちに深く同情します。

教育は人間だけがするものではありません。野の花に私たちは教えられて生きてきたのに、そのことを大人たちは伝えようとしません。それが問題なのです。それでも子どもたちは花を見つけて心を向けるでしょう。私は、花に期待するのです。花よ、伝えてほしい、と願うのです。ですから私は、できるだけ花が咲くことができる場所を、足元のささやかな場所を荒らさないように、守るだけです。

百姓でない人の情愛、あるいは日本文化

たとえば、肉体的にきつい百姓仕事をしたとしましょう。その合間にふと足元の小さな花に目が向いたとしましょう。一瞬、「きれいだ」と思い、何か励まされる心地になるでしょう。しかしすぐに仕事に戻ります。仕事が終わると、仕事の出来映えや苦労は話題になりますが、さっき見た小さな花のことなど、人に話すことはありません。それでいいのです。そういうものなのです。

だからといって、小さな花を忘れてはならないでしょう。それでもまた毎年その花に会えるなら、あるいは代わりの花に会えるなら、忘れてもいいかもしれません。しかし農業の近代化は、社会の経済成長は、その小さな花の存在を認めなくなっていっているのです。近代化技術は、確実にこうした百姓のささやかな花に向ける情愛を滅ぼして、顧みることがありません。私が怒りを抑えられないのは、このことなのです。

もし、花に見とれ「きれいだ」と思う瞬間がひととき続いたらどうなるでしょうか。本来の人間に戻れるのではないでしょうか。戻った名残がいっぱい残されているではありませんか。歌や詩や芸術です。人間は生きものの感動を様々に表現して、伝えようとしてきました。

現代では桜の花見はいよいよ盛んに行われています。宴会が目的になっている雰囲気も強いのですが、これもまた名残でしょう。とっくに稲の神を迎える儀式の伝統は廃れて、もう誰も花見のときにそのことを意識することはありませんが、花の下でひとときをある意味で濃密に過ごすのは、なぜでしょうか。

花見とは一つの新しい工夫に違いありません。美が滅んでいくのは、美にまなざしと心を向ける人間の情愛が廃れていくからです。それを廃れさせないように、私たちは無意識に様々な工夫をしているのです。これからも、まなざしと心を取り戻す現代的な工夫を様々に、これでもか、これでもかというようにしつこく提案し続けることが必要なのです。

10 章

なぜ田植えは手植えに限るのか

近年、農業体験が盛んになっています。とくに「手植え」「手刈り」が主なメニューになっています。どうして近代化され尽くした社会で、体を使った昔の仕事を体験させるのか、この章ではその深い理由に迫ります。

田植え直後の畦を通う子どもたち

農業体験が盛んになる理由

前にも話したことですが、子どもたちが通う道に、安全のために歩道をつけて舗装しました。その日から子どもたちは道ばたの野の花を摘みながら帰ることがなくなりました。花の咲く場所がなくなったのです。また通学路脇の田んぼが埋め立てられてコンビニが建ちました。その年から子どもたちは田んぼの風の中で赤とんぼを見ることがなくなりました。

野の花よりも、田んぼの風よりも大切なものがあるんだ、と子どもたちは日々教育されていくのですから、私は不安でなりません。せめて、人間のための積極的な利益ではないものをあらためて感じる世界を提供したいものです。その一つが農業体験です。

農業体験を「農業後継者を育てるため」というのは、欺瞞に近いと思います。それならば、なぜ田植えや稲刈りを手伝ったことのある百姓の子が数%しかいないことを直視しないのでしょうか。わが家でできないことを、「農業体験学習」に求めるのはとても変です。したがって、農業体験に参加したある子どもが言っていました。「私の家は農家なのに、農家でない子どもと一緒に生まれて初めて田植えをした。農家に生まれたのに、みじめな気がした」。この子どもの哀しみに、多くの百姓の親は気づいていません。たしかに近代化された農作業では子どもの「手伝い」は不要かもしれませんが、親と一緒にやる「百姓仕事の体験」は必要なのではないでしょうか。農業体験とは、この違いを認識するために大人たちのためにもある、と私は断言します。

仕事は近代化されることによって、マニュアル化できる「労働」になってきました。「手伝う」労働がなくなったのは、子どもには危険な機械や農薬の使用が原因ではありません。生産性を「手伝い」にも求めるようになったからです。その証拠に百姓仕事の「体験」には、誰も効率など求めません。それは教育だからだ、伝承だからだ、と思っているからです。

したがって「今どき、子どもに手伝わせるような産業では馬鹿にされる」と言う百姓には、問う必要があるでしょう。なぜ他産業は体験させる価値が少なくて、農にだけそれがたっぷりあるのか、と。

もう一つ、親の百姓に答えてほしいことがあります。なぜ田植え体験は、手で植えさせるのでしょうか。現在ではほとんどの百姓が田植え機で田植えしているのにです。なぜ、手植えでないとほんとうの体験にならないのか、と尋ねてもいいでしょう。

それは田植えの体験は、単なる農作業や田植え技術行使の体験ではなく、百姓仕事の体験だからでしょう。つまり、人間が生きていくために自然にどう働きかけるかを学ぶ百姓の生き方の体験であり、そしてなによりも「自然」体験だからです。この場合の自然とは、日本の自然の大半を占める百姓がつくり変えた自然である田畑という意味と、もう一つは没入できる世界としての自然を指しています。

百姓仕事の最大の特徴は、自然と一体になれることです。仕事に没頭しているときは、自分のことも、時間のことも、世の中のことも忘れて生きものの世界にいます。経済なんて、痕跡もありません。そしてふと手を休めて我に返ると、生きものや田んぼや里に囲まれている自分を発見するのです。子どもたちはこういう仕事がまだ現代社会にも残っていることを感じとることができます。限りなく生産性を求め、人間のためだけの富を求めていく近代化社会の潮流ではない、別の魅力的な世界があることを体験することはとても大切なことだと思います。近代化を超えていくための土台があると言ってもいいでしょう。

百姓の親も時代の潮流に流されっぱなしになっているわけではありません。あとでくわしく紹介しますが、田んぼの「生きもの調査」を農業体験にすぐに組み込もうとするのは、百姓の親たちです。親たちが子どもに生きもの調査をさせようとするのです。田植えも手伝わせないのに、生きもの調査はさせようとするのです。これはどうしてでしょうか。伝えたくなるものが見えるのです。しかも伝える方法もよく見えるからです。農業体験とは、じつは大人たちが子どもたちに、何を伝えたらいいかをつかむ場であり、どうして伝えたらいいのかを身につける学校なのではないでしょうか。

そういう意味で、これからの農業体験は大人たちが、自分のためにも、家庭の中でもやってほしいと思うのです。すべての百姓がそうなってほしいと思って、私はずっとやってきました。しかし、くり返しになりますが、農業体験は決して百姓のための、百姓の子弟のためのプログラムではありません。すべての人に開かれたものです。

技術よりも仕事を体験させる理由

ここで難しいことをもう一度説明しなければなりません。まず代表的な例を挙げると、赤とんぼを育てる稲作技術は存在しませんが、赤とんぼが田んぼで育っているのは、赤とんぼを育てる百姓仕事があるからです。言い換えると稲作技術の目的には、赤とんぼは含まれていませんが、百姓仕事は目的としていないものも引きだしてしまう、ということです。

農業技術は私有のものとして閉じられていますが、百姓仕事は開かれているからだとも言えます。したがって、技術を伝えることは、必然的に技術が目的としている価値を伝えることになります。稲作技術なら米の価値を伝えることになります。一方の百姓仕事の体験は、百姓仕事の土台に横たわっている自然に働きかける人間の姿勢を伝えることになります。自然は人間の思いどおりにはなりませんが、それでも百姓は自然に働きかけ、自然からめぐみを引き出しながら生きてきました。そのめぐみは、現代では農業技術の「目的」としている食べものにとどまらず、涼しい風や赤とんぼや蛙や彼岸花の風景や、信仰や祭りも含むのです。

こう考えてくると、農業体験の田植えが、田植え機に乗せて植えさせる移植技術の体験ではなく、手植えという技術になる前の仕事を体験させているもう一つの理由も見えてくるでしょう。

農業技術は農産物の生産を目的として開発されてきたものですが、百姓仕事はカネにならないものを引き出すことも含みます。狭い農業生産ではなく、こうした広く深い百姓仕事や百姓暮らし全体を、体で感じとることが農業体験の魅力でしょう。

そういう意味では、農業は他の産業とは根本的に異なるところがあります。それは、人間が「つくる」のではなく、自然（天地）がつくる、ということです。人間は自然がつくる「めぐみ」を精一杯引き出すのです。それが百姓仕事（手入れ）と工業労働の大きな違いであり、農の原理です。したがって、一昔前までは百姓は「つくる」と言わずに、「とれる」「できる」「なる」と表現していたのです。

このめぐみのうちの農産物に目的を限定したからこそ、農業技術は成り立ったのですが、そのために多くものを見失ったとも言えるでしょう。人間がつくるのではなく、自然がつくるからこそ、その全容と細部はなかなかつかめません。つかめないからこそ、見つめたくなるのです。そして自分がつくるのではないからこそ、対象に没入してしまうことになるのです。

人間にとって、なぜ食べものが大切なのか、なぜ自然が必要なのか、などということは、知識としてだけではわかりません。だからこそ科学的に説明して納得する方法をとらずに、体で感じとり、身につけてきたのでしょう。そうやって私たち大人は育ってきたし、子どもも育ってきたのですが、それが崩れつつあります。

農業体験が農家の子どもだけを対象にしていない理由は、食べものと自然、そしてこれらのめぐみを引き出し（生産し）、いただいてきた（消費してきた）文化は、国民全員が自分で身につけておいてほしいものだからです。それは知識で画一的に教え込むものではなく、感じとり、自分で確認するものでしょう。そうは言っても、感じとり、身につけるための導き手がおれば「体験」はより楽しく、深まります。その導き手は誰でもかまいませんが、百姓こそ最も適任だと思います。しかし、百姓は作物や田畑や自然とはしっかり向き合ってきましたが、その作法を人に示すことは不得手です。なぜなら、今までそういうことは「農作業の手伝い」という形でしか伝えてこなかったからです。

しかし、意識的に子どもたちや消費者に「農業体験」をさせなくてはならない時代になってしまいました。「苦手だ」とばっかりは言っておられません。そこで、私もいくつかの体験マニュアル、体験カリキュラム案を作成してきて気づいたことがあります。百姓が先生になって教えるときに陥りやすい危険性は、あたりまえのことを伝えようとしないことです。特別な価値を伝えたくなるのです。経済的な価値や苦労は語りやすいからです。それに比べて体験して感じることは言葉で確認することがないので、百姓も語ってこなかったことです。そういう「あたりまえ」のことが、子どもたちには新鮮で、不思議で、疑問を感じるのです。

たとえば、田んぼに素足で入った子どもから「なぜ、田んぼには石ころがないの」と問われたらどう答えるでしょうか。つい「そんなことはあたりまえだ」と答えてしまうかもしれません。あるいはうろたえてしまうかもしれないでしょう。そういうときには、百姓も初心に戻って、自分の体験の中で石ころとの関係をたぐり寄せてみるのです。「おじさんだって、ときどき足に当たる石ころを探り出して、まだあったのか、と言って、横の河原に放り投げるんだ。そういうくり返しを数百年続けたから、田んぼには石ころがなくなって、こうしたぬるぬるした土ばかりになったんだ」などと必死で答えて見せたいものです。

その答え方は、その百姓の世界感を伝えることになるのです。ああ、この人は田んぼを自然を、世界をこんなふうに感じて生きているんだ、と伝わるのです。教える側の百姓のまなざしは、直接に子どもたちに影響します。

百姓も心して、①感じ直し、②見つめ直し、③表現し直してみたらいいと思います。百姓にも新しい発見がもたらされるはずです。

自然はほんとうに人間以外を指すのか

農業体験は「自然体験」でもあると言うと、怪訝な顔をする人が少なくありません。どうしても私たちは時代精神に支配されているものなのです。次の問題に答えてみてください。

問題　田んぼは「自然」でしょうか。あなたの気持ちに近いものを選んでみてください。

①赤トンボや蛙やゲンゴロウなどの自然の生きものが、自然に生まれて、自然に育って、自然に死んでいくところだから、「自然」そのものだ。

②たしかに自然の生きものも生まれ育っているが、農薬や化学肥料も散布されて、死んでいる生きものもいるから、自然そのものではなく、半自然かな。

③たまたま自然の生きものも産卵して生まれ育つけれど、そのそも「田んぼ」自体は百姓が人為でこさえたものだから、「自然」ではないと思う。

④人間（百姓）の関わりがないと維持できない自然だから、原生自然ではなく「二次的な自然」だと思う。

⑤農薬や化学肥料の使用は論外だけれども、かつては人間も自然の一員として生きてきたのだから、田んぼは自然そのものだと思う。

⑥近代化される前の昔の田んぼは「自然」だったかもしれないが、現代の近代化された農業技術で耕作されている田んぼは「自然」とは言えない。

⑦有機農業の田んぼはたぶん「自然」に近いけれど、そうでない田んぼは生きものも少ないので、自然ではないと思う。

⑧そもそも、農業自体が自然を破壊（改造）して成り立っているのだから、自然であるはずがない。その破壊された自然の中に、周囲からもともとの自然の生きものが少し入ってきていて、一部分は自然らしく見えているにすぎない。

正解を示すことはなかなか難しいことです。私の気持ちは①や⑤に近いのですが、他の答えも少なからず説得力があります。ただ一つだけ確認しておかねばならないことがあります。3章で説明したように、もともと「自然環境」という意味の名詞の「自然」は、明治時代の輸入語・翻訳語ということです（自然にそうなるという意味はもとからの日本語です）。つまりそれまでの日本語には、自然を指す言葉がなかったのです。こんなに自然豊かな国なのに、Nature という意味の「自然」という日本語がなかったのは、Nature（自然）の原義が、人間以外のものを指しているからだと説明しました。日本語の「天地」はかなり自然に近い言葉ですが、天地には人間も含まれています。

したがって「人間も自然の一員です」というのは厳密に言うと間違っていますが、私たち日本人はそうは感じていません。人間も天地（自然）の一員だと感じてきたからです。正確に言うと人間と自然を分けて自然だけを指す概念を必要としてこなかったのです。その名残は、自然という概念を身につけた現在でも、残っていると言うべきです。

したがって、人間以外を自然と言うか、人間も含めて言うかで、回答は大きく異なってしまいます。さらに農薬や化学肥料などの近代化技術が人為として登場すると、いよいよ自然と農業は対立するようなイメージが強まりました。有機農業が自然に近いと思われているのは、人間と自然を分けてとらえるときに、人為（近代化技術の行使）が少ないと感じられるからです。農薬や化学肥料が使われていなかった頃の農業は、人と自然を分けることはなかったので、自然に近いか遠いかという設問自体が成り立たなかったでしょう。

さてもう一度「農業体験」は「自然体験」でもあるという意味を確認しておきましょう。私がこの本で使う「自然」は、伝統的な日本人の世界感では「天地」に近いものです。つまり人間も含む自然です。もちろん人間の人為のすべてを含むのではありません。工業は含まれませんし、農業でも農薬散布などは含まれません。それは近代化技術の最たるものだからです。

したがって、田植えや稲刈りや生きもの調査は、簡単に身近な自然のふところに飛び込むことができる自然体験そのものです。原生自然の中でじっと目を閉じてひとときを過ごすよりも、はるかに濃密な自然と人間との関係を体で感じ取ることができるからです。

農業体験では、百姓はあることを思い出すことになります。それは、生徒は子どもたちばかりでなく、百姓自身も生徒だということです。なぜなら真の先生は「稲のことは稲に聞け」「百姓は稲をつくるのではなく、田をつくる」「稲も生きものも天地のめぐみだ」（ここで言う天地とは自然と言い換えてもいいでしょう）「作業ではなく、仕事を習え」という言い伝えを思い出すからです。

「ほんとうの先生」は現世の人間ではなく、自然であり、田んぼであり、作物であり、百姓の中に引き継がれてきた伝統ではないでしょうか。それは人間と自然を分けてこなかった日本人だからこそ、言えることではないでしょうか。それをどう表現し、伝えるかは、簡単なことではありません。ところがやってみると、人間以外の「ほんとうの先生」が頼みもしないのに、ちゃんと手伝ってくれるから面白いと思います。

自然と人間の垣根を低くする

私が10年ほど前に書いた『田んぼの学校・入学編』（農文協）は田んぼ体験のテキストとして私の本にしては珍しくベストセラーになりましたが、一つの工夫をしたのです。それは田んぼや、稲や、虫や、水になろうと呼びかけ、それらの生きものの視点から記述していることです。それは従来の「稲作体験」があまりに科学的な技術を土台にしているか、農業体験を子どもたちのために利用しようという魂胆が露骨だったことへの対案でした。

科学的な視点を優先させると、理科教育、生物教育の延長になり、百姓の自然に対する謙虚さが伝わりにくくなります。また単に子どもたちへの学校教育のカリキュラムの一部ととらえられると、百姓仕事によって育まれる生きものへの情愛が伝わらないと思ったからです。

これを西洋の学者は「アニミズム」と名づけていますが、アニミズムとは理性的な認識以前の未開の次元のことだという価値づけがある以上、受け入れがたい意見です。そうではなく、人間も自然の一員になりきる瞬間に訪れる感覚なのです。この感覚は日本では、自然への没入とか、忘我とか、解脱とか言われていて、一つの理想境のモデルとなっているものです。

またこれを「擬人化」と呼ぶ人もいますが、これもまた人間中心の見方でしょう。百姓が「稲の声が聞こえる」と言うときに、稲を擬人化しているのではありません。稲も自分も同じ生きものになっているのです。人間以外の生きものを人間になぞらえているのではなく、むしろ人間が他の生きものと同じ世界に降りていくという感覚なのです。

レイチェル・カーソンはアメリカ人の科学者ですが、『センス・オブ・ワンダー』(上遠恵子訳、新潮社)の中で、こう言っています。

もしもわたしが、すべての子どもの成長を見守る善良な妖精に話しかける力をもっているとしたら、世界中の子どもに、生涯消えることのない「センス・オブ・ワンダー＝神秘さや不思議さに目を見はる感性」を授けてほしいとたのむでしょう。(中略)

妖精の力にたよらないで、生まれつきそなわっている子どもの「センス・オブ・ワンダー」をいつも新鮮にたもちつづけるためには、わたしたちが住んでいる世界のよろこび、感激、神秘などを子どもといっしょに再発見し、感動を分かち合ってくれる大人が、すく

なくともひとり、そばにいる必要があります。（中略）

わたしは、子どもにとっても、どのようにして子どもを教育すべきか頭をなやませている親にとっても、「知る」ことは「感じる」ことの半分も重要ではないと固く信じています。

彼女が言うように、大人たちは「さまざまな生きものたちが住む複雑な自然界について自分が何も知らないことに気づき、しばしばどうしていいかわからなくなります」。そして科学的な知識に頼ろうとします。しかし、生きものの名前を知ることよりも、生きものを見つめ、聞き、触り、感じることが大切でしょう。やがて生きものの名前は「呼ばれる」ことになるのです。まるで友人の名を呼ぶように。知ることよりも体験し、感じることの大切さを科学者が述べることは、決して変なことではありません。科学の土台もここにあるのです。

現代日本人はむしろ自然という概念を身につけたために、自然の生きものと同じ生きものだという感覚を失っています。センス・オブ・ワンダーの敵は西洋からもたらされた「自然」概念そのものかもしれません。その感覚を取り戻すためには、かつて自然という概念を知らなかった日本人に学ぶしかないでしょう。

子どもには過酷な近代化社会

こんなに農業体験や自然体験が盛んになるのはなぜでしょうか。一般的には、知識の詰め込み教育が多くなりすぎて、体で感じることで学ぶことがおろそかになり、子どもの生きる力を衰えさせているという反省からだと言われています。たしかに、この世の中で生きていくためには経済力を身につけること、つまり国の経済成長に寄与する国民を育てることが国民教育の主目的でしょうが、それだけでは国民は幸せにならないことは誰でも気づいています。むしろ経済によって、一人ひとりの人間性が蝕まれているのが現状でしょう。それにもかかわらず、カネの力は現代では最も積極的な価値の代表です。

だからこそ、非経済価値を学ぶことの大切さが見えてきたのです。経済価値の追求にあまりにも傾きすぎたからこそ、経済価値以外の価値が魅力的に見え始めたのではないでしょうか。経済価値しか見えない人には、わからないことです。そこで、子どもの頃から非経済価値にも触れておいた方が、自分の人生や世の中を広く豊かに見ることができるようになるのではないかという期待が、体験へと向かっているのだと私は思います。

もう一つの原因は、経済とは裏表の関係にあるのですが、科学技術の発達によるものです。

近代化技術のすごさは誰にでも行使できることです。そのための方法とマニュアルが整備されています。言葉を換えれば、体験しなくても、指導できるし、実施できるのです。このことがかなり深刻な事態を引き起こしてきました。マニュアルに書いていないことへの対応ができなくなっています。なぜなら、それは人間の体験でしかつかめないことだからです。

これは人間にとってはかなり屈辱的なことです。なぜならマニュアル化できる技術の世界の中では、人間も機械と同じになるからです。それでもマニュアルに書かれていない世界があることは救いかもしれません。そこでもっと人間らしい仕事に戻ろうという試みが体験に向かうのです。それなのに、農業もマニュアル化の道をまっしぐらに進んでいます。農業技術や農学の世界ではそんな印象を受けます。さらに農業体験まで、同じようなマニュアル化を目指すなら自殺行為に等しいでしょう。

ところで、いわゆる一般的な「自然体験」は、かなり趣が異なるところがあります。なぜならそれは仕事とは無縁な世界の体験だからです。レイチェル・カーソンが言う「センス・オブ・ワンダー」も自然体験のことですが、これも身近な自然体験だと思えば、農業体験とほとんど重なります。たしかにアメリカ合衆国の田舎にはまだ原生自然に近いところもあるのでしょう。しかし日本のありふれた田んぼや畑や里山にも、不思議や驚異や神秘はいっぱいあります。そういう意味では自然体験と農業体験はつながっていると言えるでしょう。

ところが農業体験の方は、どうしても産業としての農業のイメージに、子どもたちの体験ですら引きずられてしまうのです。それはそれを指導する大人の精神の反映です。ですから、大人こそが体験学習を、そして身近な自然を「体験」し直さなければならないのです。

生きもの調査に、子どもたちが参加しはじめた

前にも説明したように、私は田んぼの生きもの調査を２０００年から本格的に方法化して提案してきました。もちろん実施してほしいと呼びかけてきたのは百姓を中心とした大人たちにです。ところが、生きもの調査を始めると、不思議なことに、どこの百姓も次第に子どもを参加させるようになるのです。これはどうしてでしょうか。生きもの調査を単なる生息調査や環境モニタリングだと位置づけるなら、子どもの参加は精度を落とすことにもなりかねません。しかし、私はこのことこそが生きもの調査が広がってきた真因だと気づきました。

たぶん大人たちは、子どもを田んぼに連れて行きたかったのに、ずっとできなかったことを、心の底で悔いていたからです。農業も機械化されて、子どもに手伝わせる仕事はほとんどなくなりました。田んぼに連れて行く口実が、理由が見つからなくなったのです。現在では子どもに田植えを手伝わせているのは珍しいぐらいです。ところが、生きもの調査なら手伝わせるための口実が見つかったのです。もちろん手伝わせるというよりも、これは体験させたいと

いう気持ちでしょう。

くり返しになりますが、ほとんどの農業体験は「手植え」が採用されています。田植機では、田んぼという豊かな自然を素足や素手や体全体で、感性をいっぱいに広げて感じることができないからです。手で植えるからこそ、もう源五郎や牙虫《がむし》や太鼓打《たいこうち》や飴棒《あめんぼ》や蛙が泳いでいることにまなざしが注がれるのです。田んぼの土が表層は温かいのに、土の下の方は冷たいことに驚くのです。苗を植える手を休めて腰を伸ばしたときに、頬を撫でて吹く風の爽やかさに嬉しくなるのです。これはもうすでに生きもの調査が始まっていると言えると思います。

全国の村で生きもの調査が子どもたちに広がればいいなと思います。学校の登下校のときに寄り道して、田んぼをのぞき込む。土曜日曜には、家族でドライブに行ったときに、田んぼの横に車を止めて、のぞいてみる。里帰りしたときに、見てみる。家族が食べている米の産地を訪ねて、田んぼを見せてもらう。こういう習慣が定着してほしいと思います。

話を元に戻しましょう。百姓が子どもを田んぼに連れて行くようになったもう一つの理由は、子どもに生きものの名前を教える自信がついたことです。思っていた以上に田んぼにはまだ生きものがいる。その生きものに自分自身も久しぶりに名前を呼んだのだから、子どもにも教えたくなったのです。自分もそうやって親や先輩から教えられてきたからです。それまで、子どもを連れて行かなかったのは、自分自身が名前を呼ぶことも、その名前すらも忘れていたからでしょう。

名前には思い出が詰まっています。在所の百姓から「テキストには太鼓打と書いてあるが、ほんとうの名前はアシトリガッパ（足取河童）と言うんだ」と言われて、なるほどと思ったことがあります。「ほんとうの名前」とはその地方の名前なのでしょう。なぜならその人の人生では、ずっと今までその名前しかなかったのですから。なぜアシトリガッパという名前がついたのか今では忘れられていますが、たぶん名づけた物語があったのでしょう。

このように「ほんとうの名前」にはその人やその地方の体験が刻印されています。私が生きものの名前を「学会ルール」を無視して、漢字交じりに刻印するのは、その名づけた人の気持ちを少しでもくみ取りたい、伝えたいと思うからです。全国共通の標準和名であっても、その名残は残っているものがいっぱいあります。精霊トンボの標準和名としてのウスバキトンボは決していい名前ではありませんが、それでも「薄羽黄とんぼ」と漢字交じりにすると、少しは名づけた人の思いが伝わってきます。ツマグロヨコバイも「褄黒横這」と表記すると着物の裾の重なった部分（褄と言います）になぞらえた翅先が黒くて、横方向に這う虫という表現のうまさが伝わってきますが、ツマグロヨコバイでは単なる分類記号に堕していくでしょう。学者はこのことにあまりにも鈍感なのです。

子どもたちの生きもの調査（大村茂撮影）

先日も中学校の教師から、「あなたの編集した生きもの調査のガイドブックは生きものの名前をカタカナ書きにしてないので、学校で生徒に勧められない」と抗議を受けました。教育現場でも学者たちの内部のルールが最も権威のある正しいものだという認識が浸透していっているのです。いや義務教育機関だからこそ、全国一律の尺度が強制されていくのでしょう。情けないことです。「ほんとうの名前」を教える人が家庭や地域にいなくなると、もう事態は深刻になるでしょう。

「ほんとうの名前」には伝統と情愛が込められています。それを感じるのが生きものの名前を覚えるということではないでしょうか。

生きることの実感

それにしても現在でも「経験しないとわからない」という言葉はよく聞かれます。「あの怖さは経験したことのない人にはわからないだろう」「あの見事さは実際に見てみないとわからないだろう」「あの声のすごさは聞かないとわからないだろう」などと使います。いずれも体験・実感は、頭での理解や想像による理解ではつかめないほどの深いものをつかむことができるということです。

ところが経験や体験ではわからないことを科学ではつかめます。放射能の線量や零下数百度の温度、遠い星までの距離などは、いくら経験を積んでも体験ではつかめないでしょう。このように「経験しないとわからない」という言葉は、じつは科学的な方法に対する対案なのです。科学が普及する前は、経験がほとんどでした。まあ、経験に対抗するものは「伝聞」でしたが、それも別の人の経験の表現であれば、経験と対抗するものとも言えないものでした。

なぜ、科学は経験と対立してしまうのでしょうか。なぜ科学は経験を踏みにじるのでしょうか。なぜその反動として経験の大切さを引きだしてしまうのでしょうか。それは科学が、人間が生きるための道具であるよりも、人間よりも力を持つようになり、人間を使う道具として見られるようになってしまったからでしょう。科学を使いこなす産業でないと、経済成長は見込めません。科学を使いこなすと、人間の力に頼る場面が少なくなり、人間の限界を越えることができるようになります。こうなると人間の方が機械と同列のロボットとなるのです。

仕事から労働への変化は科学の力を活用して進められてきました。こうなると、仕事とは科学技術を行使する労働に変化しますから、仕事自体を楽しむという大事な習慣が破壊され、結果や報酬だけが生き甲斐になっていくのです。「5時から男」になるしかなくなるのです。

これに対して、職人の世界は科学的な機器も材料も導入されてはいますが、まだまだ人間の手業＝経験と勘に頼っています。その方がむしろ精緻な、科学ではつかめない世界をつかめるからです。「100年後この材木はどちらにこれくらいよじれるから、この柱としてこちら向きに立てよう」などという大工の判断には科学も脱帽するでしょう。それは長年の経験から導かれる知恵です。手で触り、叩いた音を耳で聞き、目でしっかり見て、変化を確かめてきた情感が体の中に蓄積されているのです。

体のどこに、どのようにして蓄積されているのか尋ねられたら、どう答えたらいいでしょうか。

こういうときに役立つのが自然に働きかけた仕事の体験だと思います。仕事と関係のない自然体験よりも百姓仕事の体験の方が現実に対抗できると思うのですが、百姓仕事が農業技術に置きかえられてきたので、その意義が見えにくくなっています。身近な自然は百姓仕事の成果なのですから、それは当然と言えば当然なのですが、現代ではむしろ仕事の跡が見えない自然の方が好まれています。人為が経済効率ばかりを求めすぎたために、それへの嫌悪が人為と無縁の原生自然的な自然へと向かわせているのでしょう。

この原生自然への回帰主義は、へたすると現実逃避につながります。自然へ回帰するなら、身近な自然へ回帰すればいいでしょう。そしてそこで立ち往生している百姓仕事へとまなざしを向け、百姓仕事の体験を通して、自然体験の深いところに達するのです。ありふれた生きもの、何の変哲もない身近な自然こそが、その一員としての人間の生きている実感を確認する場所でしょう。

11 章

開かれている百姓仕事と「公益」

多くの労働は私有のものとして閉じられています。それに引き替え、百姓仕事の多くは開かれています。開かれている仕事から生み出されるものは、その多くが「公益」なのです。この章では、このことを考えます。

風景として価値のある棚田

開かれているという意味

工場の敷地に無断で立ち入って、工場の中をのぞいていたら、不法侵入よりも、企業秘密をのぞかれる方が深刻な被害を受けるでしょう。ところが田んぼの畦から田んぼをのぞいていてもとがめられることはありません。多くの高名な寺院ではその庭を見物するのに拝観料を払わなくてはなりません。しかし、田んぼの稲や畦の彼岸花は無料で見ることができます。それはあたりまえだと思っているでしょうが、そうでしょうか。

かつてJR東日本はカリフォルニア米の駅弁を輸入して販売していました。車窓の田んぼの風景を観賞しながら、カリフォルニア米であることを知ってか知らずか、この駅弁を食べている日本人旅行者には何が欠けているのでしょうか。こういう弁当を販売して利益を得ていたJRという鉄道・観光産業には何が欠けていたのでしょうか。さすがに「鉄道・観光産業がこういうことをするのはまずいのではないか」という指摘が私ばかりではなく、旅行業界からもあがり、JR東日本は2007年に輸入を中止しました。

工場は閉じられており、田んぼや畑は開かれています。それはどうしてでしょうか。田んぼや畑は塀で囲い込むことができないからではありません。田んぼや生きものや百姓だけでなく、そこにつながる人間も同じ自然の一員だからです。同じ自然をともにしているからです。そういうつながりでこの世界は成り立っているからです。開かれているとは、こういうことなのです。それなのに、その世界との関係を遮断して、わざわざ目の前の稲に向かって「君よりももっといい外国の稲を連れてきたからね」というのは、無礼を通り越して、世界破壊者だとののしられてもいいでしょう。しかし、ＪＲの仕業はこういう世界認識が見えなくなってしまっている日本の現代社会の弊害を代表していますが、このことにあまりにも無自覚なのが問題なのです。

田んぼはタダで見ることができるというのは、自分もそういう田んぼの世界を支えている一員であるという暗黙の了承が社会的に成り立っているからです。ところがこの関係は日頃は意識されることがありません。なぜなら、そこに、いつも、あたりまえにあるものだから、対象化されることがないのです。その外側から見ることがなく、内側から見るからです。しかしだからといって、それをいいことにこの関係を踏みにじっていいということにはならないでしょう。

私はＪＲ東日本を代表としてやり玉に挙げましたが、同じようなことを多くの人がやっているのです。ＪＲ東日本は批判にさらされ軌道修正をしましたが、今でもこの構造に無頓着なのが、政治や学問の世界です。中でも「機能論」は、百姓仕事のみのりである世界を共有する方向とは逆の向きに国民合意を導いていています。田んぼの四季折々の風景や、赤とんぼが群れ飛ぶ風景を、百姓仕事の成果やそれゆえにもたらされる天地のめぐみではなく、「それは田んぼや畑が持っている食料生産以外の多面的機能である」と説明するのです。私もこの多面的機能論は、当初公益的機能と呼ばれていたときから、食料生産以外に国民の目を向けるためにはいい着眼ではないかと思っていました。ところが、やがてこの機能論では、いつも思考停止に陥ることに気づいたのです。ここから一歩も先に進まないのです。「農業には多面的機能があります」と言うだけで、それがどうしたと言うのだ、と突っ込まれても、そういう機能があるので理解してほしいと言うだけです。たまたま、結果的に、百姓が意識しないところで、そういう現象が生じている、と言うだけなのです。因果関係をさぐることが得意な科学にはあるまじき態度です。

なぜここから先に進めないのか腑に落ちませんでしたが、あるときその原因がわかりました。たしかに稲作技術には赤トンボを育てる技術も、田んぼの風景をきれいにする技術も、洪水を防ぐ技術も見あたりません。だから農業生産ではなく、それは単なる自然現象であり、言い換えると機能にすぎない、という論理から抜け出せないでいるのです。つまりそこに直接の生産行為（技術）が見つからないということは、百姓の人為が、百姓の行為がないということであり、それなら百姓の責任と誇りもないだろうから、百姓の功績にならないと言っているも同然でしょう。ここをこれまでの技術の見方（技術論）では乗り越えられないのです。「技術」で現象を見るならそう見えるかもしれませんが、仕事で見るとそうは見えません。すべての自然現象（多面的機能）には、それを生み出している百姓仕事が見つかります。赤トンボを育てている百姓仕事や彼岸花の風景を生み出している百姓仕事についてはすでに第4章で説明しましたので、ここでは洪水を防いでいる百姓仕事を説明しましょう。

この説明は自分で言うのもおかしいのですが、なかなか面白いものです。まず洪水を防ぐ技術も仕事もないことを説明しましょう。そしてじつは、ないように見えた仕事が発見されることを次に説明します。

大雨になりそうです。田んぼの横を流れる川の水は、みるみる増水していきます。百姓は川から入ってくる水をせき止めて田んぼに入ってこないようにします。それでも土砂降りで田んぼの水も水かさも増して、畦をオーバーフローしそうなので、田んぼから流れ出る水の落とし口の堰《せき》板を低くして、できるだけ田んぼの中の水を川に捨てようとします。ここには洪水を防ぐ技術は全くありませんが、洪水を防ごうとする百姓仕事も見あたりません。これでは、機能論を勇気づけそうですが、機能論者にも釘を刺しておきましょう。「機能では、百姓はこの機能を自慢できないではないか、なぜなら自らの行為の目的には洪水防止は含まれていないからだ。したがって、田んぼには洪水を防ぐ機能がありますとは、よほど面の皮が厚くなければ言えないではないか」と言っておきます。

さてここからが面白いところです。たしかに百姓は、直接的に田んぼに洪水の水を引き入れて洪水を軽減させようとは思いませんが、むしろそれよりも洪水のときは田んぼの稲や畦を守ろうとします。そのことが安定してたっぷり水を溜める田んぼにしているのです。洪水の水を導き入れたら、田んぼの畦はすぐに決壊して、かえって洪水の水は溜まらなくなるでしょう。田んぼを守る仕事の中に、ちゃんと洪水を防ぐ仕事も含まれているのです。さらに洪水を防ぐ仕事は、洪水のときだけ行われるのではありません。晴天のときの畦の見まわりや畦の草刈りや、何よりも毎日田んぼの畦を歩いて田まわりをすることで、畦の土はしまって、田んぼの内側には湿った環境に適した草が生え、外側には乾燥を好む草が生え、畦はいよいよ崩れにくくなっているのです。この畦を守る仕事が、洪水のときに力を発揮しているのです。

ところが現代の技術思想では、目先の目的を達成するためだけの技術しか扱えないので、このような「仕事」が見えないのです。

公益、私益は百姓仕事に当てはめられるか

もう一つ多面的機能論の限界は、この百姓仕事によって引き出されている自然のめぐみが開かれているという意味を伝えることができないでいることです。山奥の人も滅多に通わない田んぼで、百姓が家族で田植をしています。それから45日経って、赤とんぼが一斉に羽化して飛び立っていきます。その赤とんぼを眺めるのは、彼の家族だけだとします。その赤とんぼに何

の意味があるのかと問うてみましょうか。その田を荒らさないために、自分の家族だけが食べる米を得るために、自分の仕事をこれまでも、そしてこれからも続けるためにそうしているのだから、彼は赤とんぼの意味など自分が抱きしめていればいいことであって、そこに公的な価値があろうとなかろうとどうでもいいと思っているはずです。

たしかに、これは現代社会では私的な生産だと言えるでしょう。ところが見方を変えれば、これほど公的な営為はないのです。例を挙げて説明しましょう。その田んぼで生まれた赤とんぼは里に降り、小学校の校庭を飛びまわって、子どもの目に入ります。しかもこの赤とんぼはタダで見ることができるのです。彼はこのことを知らないでしょうし、知ろうとも思わないでしょう。このように、田んぼで生産される自然の生きものは、開かれています。その理由は、それを育てている百姓仕事が開かれているからです。

この「開かれている」ということが理解できないから、日本ではまともな環境政策が、少なくとも農業分野では立案できないでいるのです。開かれているということは、それを自分の労働の目的や成果として囲い込まないということです。なぜならば、これらのめぐみは百姓がつくったのではなく、自然の力でできたのです。とれたのです。百姓仕事はそれだけで完結できないのです。自然との協働なのです。このことが開かれているという意味なのです。

それに対して、労働はカネを得るための稼ぎになっています。そして、近年の労働の厳しさは、賃金の低さよりも、競争を迫られることです。他産業との競争、業界内部の競争だけでなく、職場内での競争、時間との競争……など、競争になると、仕事は閉じられていきます。なぜなら開かれた価値では競争にならないからです。競争に負けてしまうからです。

資本主義とは、開かれていた仕事を経済的な競争によって、閉じられた労働にしてしまうことだと思います。公的な面を持っている仕事を、私的な目的だけにしていくことだとも言えます。これに対して必死で対抗しているのが、伝統的な百姓仕事を大事にしている百姓たちなのです。

私たちは平気で「公」と「私」を二つに分けて、対立するものとして理解していますが、そうでしょうか。百姓仕事の世界でも語ったように、自然共同体の中では、この二つを分けるのは難しいし、意味がない場合が多いのです。むしろ私的な百姓仕事などないのかもしれません。それを無理矢理、私的にしてきたのは、農学であり、農政であったと思います。農に経済を持ち込み、百姓の暮らしに経営を持ち込んだ結果、「公」と「私」が分離されたのです。そのために「公」は行方不明になろうとしています。カネにならない世界は共有なのですが、「公」とは位置づけられてはいません。

赤トンボを育てる百姓仕事は、「私」でも「公」でもありません。多面的機能は「公」なのに、それを支える百姓仕事は、「公」ではないと言っていいのでしょうか。

落ち穂拾いの思想〜日本とフランス〜

百姓仕事が開かれているのは、自然のめぐみが開かれているからです。このことを象徴している話を聞いて驚き、そして感動したことがありました。数年前に、近所の93歳になる年寄り夫婦の百姓に、落ち穂拾いの話を聞いて飛び上がるほどの驚きを体験しました。落ち穂拾いという仕事は、コンバイン（稲を機械で刈り取り脱穀してしまう）の登場でなくなりました。むしろこの自動収穫脱穀機械の登場によって、田んぼに落ちる籾や麦粒の数は増えたのですが、なにしろ穂として落ちるよりも、粒で落ちるために、拾いにくいのです。

ミレーの「落ち穂拾い」

かつての落ち穂拾いは何のために行われていたのでしょうか。フランスの画家ミレーに「落ち穂拾い」という有名な絵があります。あの麦の落ち穂拾いをしているのは、麦畑を耕作してきた百姓ではありません。近所の百姓でない貧乏な人たちなのです。キリスト教の精神では、麦は神からのめぐみです。それを独占するのではなく、貧しい人たちにも分かち合うという気持ちがよく表れていて感動します。しかしそれはキリスト教の普及したの国のことであって、日本ではそういうことはないだろうと思っていました。しかし、気になって尋ねたのです。「昔は、落ち穂拾いはどうしていたのですか」。すると、すぐに「落ち穂拾いは百姓はしてはいけない、というしきたりだった」という答えが返ってきたのです。驚いてしまった私はくわしく尋ねました。「稲刈りが終わりかけるときには、もう畦に袋を持った人たちが待っていて、私たちが引き上げるとさっと田んぼに入って来て拾い始めていた」と言うのです。

天地のめぐみは、百姓だけが独占的に受け取るのではなく、貧しい人と分かち合っていたのです。じつにキリスト教の精神と似ているでしょう。日本と西洋と離れていても、百姓という仕事の共通性に胸が熱くなります。

このように百姓仕事は、めぐみを自分が独占しないという意味で、開かれています。これを「公」と言わずに何を「公」と言うのでしょうか。

さらに付け加えることがあります。じつは人間以外にも落ち穂拾いをしている生きものがいるのです。白鳥や雁やナベヅル、真鶴が日本に越冬のためにやって来るのは、みな水田地帯です。田んぼの落ち穂が最大の食べものなのです。もし日本の田んぼがなかったら、これほどの鳥たちが越冬することはなかったでしょう。

そこで計算してみましょうか。田んぼの落ち穂や落ち籾の量は、現在のコンバイン収穫では、落ち籾が1㎡に約1000粒、つまり粃《しいな》（実の入っていない籾）や未熟粒が多いから約10g、ということは10aあたり約10kgにもなります。これは相当な量だと言えるでしょう。この「めぐみ」を雁や白鳥や鶴などの冬鳥がいただいている意味と価値をもう一度考えてみたいのです。1羽の雁が食べる籾は1日に約100gだとすると、1日に約10㎡の田んぼが必要になります。10aで約100日分の食べものが雁のために、めぐみとして提供されているということです。これに早く稲刈りする稲（早生と言います）の株から出てくるひこばえを加えると、さらに20～100kgの米が加わるので、その量はかなりのものになります。このことを百姓は自慢したことはありませんでした。何回も言うようですが、これも自然のめぐみだったからです。百姓が自分でつくりだしたものではないからです。

風景が開かれている理由

田んぼの風景はタダで鑑賞できます。塀で囲んで見物料を取っているところを知りません。なぜでしょうか。それにはいくつかの答えがあります。風景が開かれている最大の理由は、それが「天地（自然）」だからです。くり返しになりますが、天地・自然は開かれています。なぜなら人間もその一部だからです。そしてさらに、身近な自然は百姓仕事によって、支えられているからです。その百姓仕事が開かれているのですから、こんなにありがたいことはないでしょう。

百姓は仕事の成果としての風景を惜しげもなく、タダで振る舞っています。ただ百姓にもそういう自覚はありませんし、眺めている都会人にもそういう自覚はありません。だからこそ、いいのです。「こんなにきれいな田んぼの風景を見せてもらっているのだから、何か謝礼を払わねばならないな」などと考えていたら、心底から楽しめないでしょう。風景の中に身を浸して、我を忘れることもできないでしょう。

ところが、こういうことが見えない百姓もいます。「もっと農業は生産性を上げて、競争に強くならないと衰える」と本気で考えている人もいます。もしそれが正しくて、みんながそうしたら、風景は確実に荒れるでしょう。なぜなら自然との濃密なつきあいが壊れていくからです。自然との関係が壊れていくと、人間優位の価値観が前面に出てきます。「経済価値のないものはどうでもいい」というような思想が横行するようになります。

赤とんぼが飛んでいようといまいと、空には変わりはない、という言い分は、空が赤とんぼや人間に開かれていた伝統を破壊しようとする危険思想でしょう。野の花が咲いている道を子どもたちが通学することの大切さを見失っては情けないでしょう。我が家の畦道を通る子どものためにも、そこに咲く野の花のためにも、百姓仕事は開かれているのです。開かれているとは、そういうことなのです。

私は身近な自然を経済に対抗できる最後の拠りどころだと考えています。その自然の姿が風景なのです。落ち穂も開かれためぐみでした。それを拾う仕事も開かれていました。それを眺めて絵を描いたミレーの仕事も開かれていました。なぜなら、この絵を誰だって見ることができるからです。もちろん私は原画を見たことはありませんが、画集で十分です。ちゃんと彼の開かれたまなざしは伝わってきて、胸が熱くなります。

社会的共通資本という考え方があります。日本では宇沢弘文の『自動車の社会的費用』（岩波新書）が有名です。私も若い頃この本を読んで衝撃を受けました。これからは経済学もカネにならない世界を表現するのに役立つのではないかと期待したのですが、その後の展開は私の期待どおりにはなっていません。それはどうしてなのか、考えてみましょう。

宇沢さんのこの本を強引に要約すると、1台100万円の自動車は、町や田舎を走ることによって、100万円の社会的な費用（損害）を与えている、という指摘が重要です。これは外部不経済と呼ばれています。車のせいで道路を舗装しなければなりません。道路も増やしたり広げたりしなければなりません。交通事故で治療費もかかります。排気ガスで、健康も害します。騒音にも迷惑します。これらの被害を計算して、自動車1台あたりに直したので、とても説得力を持ちました。ところでこの費用は、車の所有者が負担すべきなのに、政府や地方自治体が税金で負担しているのです。なぜなら、これを車の所有者に課すと、車が売れなくなるばかりか、車を欲しいという欲望が抑えられ、自動車工業は発展しませんし、国の経済も成長しないからです。誰が決めたのでもなく、こうして自動車の社会的な費用は、国民みんなが負担しているのです。

これを農業に置き換えてみましょうか。10ａの田んぼがあるために、次の表のような生きものが生まれています。これらの生きものは開かれています。タダで見ることができます。そこでこのタダの価値を私は計算してみました。外部経済効果をＣＶＭ法（仮想市場法）で計算したら、これも次の表に示していますが、約９万円になります。この価値は米の価格に上乗せされていませんから、国民全体で払えばいいのではないでしょうか。そのことによって、百姓もゆったり誇りを持って田んぼの自然を守ることができ、国民も身近な自然の生きものを、ここ

Ⅲ類：生物多様性の指標

	種　名	10a あたり:円	1頭 あたり:円	評価額:円
12、絶滅危惧種の指標				
3	殿様ガエル	2	1000	2000
77	タナゴ	5	100	480
13、まなざし指標				
	種　名	10a あたり:円	1頭 あたり:円	評価額:円
31	芥子肩広アメンボ	16,650	0.1	1665
30	糸アメンボ	100	1	100
20	チビゲンゴロウ	2,300	1	2300
26	松藻虫・水虫	200	1	200
				0
14、食物連鎖指標				
⑴ヘビ・カメ・他				
	種　名	10a あたり:円	1頭 あたり:円	評価額:円
65	ヤマカガシ	1	1000	1000
66	シマヘビ	1	1000	1000
67	マムシ	1		0
91	臭亀	0.15000	1000	150
⑵鳥				
	種　名	10a あたり:円	1頭 あたり:円	評価額:円
95	小サギ	0.07000	1000	70
95	中サギ			0
95	大サギ			0
96	亜麻サギ	0.02800	1000	28
94	青サギ	0.01300	2000	26
97	五位サギ	0.01050	2000	21
15、ただの虫の指標				
	種　名	10a あたり:円	1頭 あたり:円	評価額:円
42	髭長谷地バエ	610	1	610
41	菱バッタ	770	1	770
29	姫モノアラ貝	3,900	1	3900
18	逆巻き貝	3,300	1	3300
19	平巻貝	200	1	200
総合計		10ａあたり		96214

注：①農と自然の研究所による「田んぼの生きもの指標（福岡県版）による生物多様の評価額」から
②種名前の番号は「ガイドブック」の番号

表　田んぼの生きものとその使用価値

Ⅰ類：百姓仕事の指標

1、畦の手入れの指標

	種　名	10a あたり:円	1頭 あたり:円	評価額:円
22	小縞ゲンゴロウ	150	1	150
21	灰色ゲンゴロウ	140	1	140
23	姫ガ虫	1,200	1	1200
61	笹キリ	120	1	120

2、田回り・水見の指標

	種　名	10a あたり:円	1頭 あたり:円	評価額:円
1	オタマジャクシ	37,800	0.1	3780
7	沼ガエル	4,300	1	4300
6	土ガエル	2,200	1	2200
5	雨ガエル	1,600	1	1600
32	ヤゴ類	2,500	1	2500

3、土つくり指標

	種　名	10a あたり:円	1頭 あたり:円	評価額:円
11	ミジンコ	3,564,000	−	
9	ユスリ蚊	383,400	0.01	3834
10	糸ミミズ	340,200	0.01	3402
64	跳び虫	388,800	0.01	3888

4、減農薬の技術指標

(1)クモ類		10a あたり:円	1頭 あたり:円	評価額:円
50	菊月子守グモ	430	1	430
56	優形足長グモ	1,900	1	1900
57	土用鬼グモ	490	1	490
58	長黄金グモ	240	1	240
53	赤胸グモ	36,000	0.1	3600
54	八星姫グモ	1,980	1	1980
55	大和木の葉グモ	6,120	0.5	3060
(2)トンボ類		10a あたり:円	1頭 あたり:円	評価額:円
35	猩猩トンボ	1	100	100
38	青紋糸トンボ	480	10	4800
34	夏アカネ	5	100	480
(3)天敵		10a あたり:円	1頭 あたり:円	評価額:円
29	姫アメンボ	2,400	1	2400
59	細ヒラタアブ	300	1	300
60	青葉蟻型ハネカクシ	3,600	1	3600
62	肩黒緑霞ガメ	22,140	0.1	2214
63	カマキリ	35	10	350
98	ツバメ	0.09050	1000	91
(4)害虫		10a あたり:円	1頭 あたり:円	評価額:円
43	背白ウンカ	180,000	−	
46	ツマグロヨコバイ	21,600	−	
48	稲ツト虫	760	−	
44	姫鳶ウンカ	5,760	−	
45	鳶色ウンカ	108,000	−	

5、生物技術の指標

	種　名	10a あたり:円	1頭 あたり:円	評価額:円
12	カブトエビ	8,400	1	8400
16	スクミリンゴ貝	10,400	−	
14	貝エビ	25,200	0.1	2520

6、水路と田んぼのつながり指標

	種　名	10a あたり:円	1頭 あたり:円	評価額:円
72	メダカ	16	100	1600
74	ドジョウ	3	100	300
75	ナマズ	1	100	100
76	フナ	5	100	450
89	南沼エビ	2	10	20

7、ため池と田んぼのつながり指標

	種　名	10a あたり:円	1頭 あたり:円	評価額:円
24	太鼓ウチ	4	100	400
25	水カマキリ	8	100	800
27	子負い虫	3	100	250

Ⅱ類:風土・文化の指標

8、湿田の指標

	種　名	10a あたり:円	1頭 あたり:円	評価額:円
2	日本赤ガエル	220		0
68	赤腹イモリ	1	1000	1000

9、風景象徴

	種　名	10a あたり:円	1頭 あたり:円	評価額:円
33	薄羽黄トンボ	1,000	5	5000
番外	秋アカネ	0		0
100	スズメ	a0.46250	100	46
99	カラス	0.03950	100	4

10、伝統文化指標

	種　名	10a あたり:円	1頭 あたり:円	評価額:円
83	銀ヤンマ	2	200	300
37	塩辛トンボ	2	100	210
81	源氏ボタル	7	100	730
69	川ニナ	16	10	160
13	豊年エビ	23,200	0.1	2320
92	石亀	0.10000	1000	100

11、食文化指標

	種　名	10a あたり:円	1頭 あたり:円	評価額:円
15	丸タニシ	4,100	0.1	410
87	沢ガニ	1	10	13
71	シジミ貝	10	10	100

ろおきなく鑑賞できます。なぜなら、自分も費用を負担しているからです。

これを具体的に政策にしたのが、次の章で説明する「環境支払い」という政策です。ところが、自動車の社会的費用は相変わらず国民が負担しているのに、田畑の社会的な恩恵は、こちらの方は「費用（外部不経済）」ではなく「評価額（外部経済）」ですが、誰もそれを公的に支えようとはしません。環境支払いの実施は遅々としたものです。この違いはなぜ生じるのでしょうか。自動車の方は経済価値の実害です。実害は防がなくてはなりませんし、補償しなければなりません。田んぼの方は経済価値をもたらしているわけではありません。経済では計ることはできない価値なのですが、全く経済で計れないことはありません。計るのが難しいのではなく、計りたくない人が多いのです。それまでタダでいただいてきたものにカネを払いたくないという気持ちもよくわかります。

このように開かれた価値をタダの価値ではなく、経済価値にしなくても、価値だとして言い立てるのが社会的共通資本の考え方なのです。これは一つの方便として、立派に使えばいいと思います。

12 章

必然性のある「環境支払い」の試み

「環境支払い」という言葉を聞いたことがあるでしょうか。ヨーロッパでは、とっくに実施されている政策ですが、日本では遅れています。この政策が実施できないなら、農業も自然環境も守れないのではないかという理由をこの章では考えます。

わが家の苗代づくり（右・著者）

食料生産政策の行き詰まり

２００５年から福岡県で画期的な農業政策の実験が始まりました。百姓が自分の田んぼの生きものを調べて報告すると「環境支払い」が受けられるのです。その趣旨を百姓に配布された「県民と育む農のめぐみモデル事業」の『ふくおか農のめぐみ１００』の前書きから引用してみます。

> 「農のめぐみとは何か」と尋ねられたら、「それは食べものです」という答えは、誰からも返ってきます。しかし、もうひとつの「農のめぐみ」である「自然環境」のことは、とくにカエルやメダカやトンボなどの自然の生きもののことは、あまり知られていません。それはどうしてでしょうか。「食べもの」の方は、しっかり分析され、自慢され、なにより「経済価値」があるのですが、「生きもの」の方は、経済価値（市場価値）が今でもありませんし、何よりもその実態がよくわかっていません。
>
> しかも、これらの生きものは、百姓仕事とは関係がないことはないが、「自然に生まれ、自然に育ち、自然に死んでいる」と思われているのです。しかし、ほんとうはそうではあ

りません。多くの生きものが百姓仕事によって、作物と一緒に育っています。ここが、工業と決定的にちがうところです。農業は必ずしも目的としていない自然までも、「生産」してしまうのです。意識していないめぐみをいっぱい育ててしまうのです。

農家は、カエルやメダカやトンボを育てるために、田んぼに通っているわけではありませんが、育ててしまうのです。大事なことは、このことを今までは、誰も語らなかったということです。自慢もせず、情報として伝えることもせず、ただ仕事の合間に見つめ、感じてきただけでした。

ところが、こうした身近な自然の生きものが、危機に瀕しています。たしかに、農薬や圃場整備の影響もありますが、なにより人間のまなざしが、生きものに注がれることが少なくなってしまったからです。農家の田回りの時間も減ってきています。子どもたちも田んぼのまわりで遊ぶことも少なくなりました。

『ふくおか農のめぐみ100』福岡県の生きもの調査ガイドブック

かつては「赤トンボが好き」という日本人が大半でしたが、現代ではそう多くはありません。「赤トンボなんか、今年は見なかった」という人も少なくありません。福岡県では、いわゆる赤トンボ（精霊トンボ・盆トンボ）は田んぼの減農薬で増えてきました。しかし、県民の赤トンボへのまなざしが希薄になっているのです。

この「めぐみ台帳・生きもの目録づくり」は、自然の生きものへのまなざしを、農家が率先して取り戻し、自然の生きものも「農のめぐみ」であることを、周囲の人たちに伝えていくことを支援する新しいスタイルの政策です。生物多様性に対する日本で最初の「環境支払い」（デ・カップリング）なのです。さいわい、２００５年度は豊かな実りをもたらして終了しました。新しい言葉が、農家の中にいっぱい生まれたからです。２００６年度はさらに清新なまなざしが生まれることを願います。

価値は、言葉によって、伝わるものです。これからの農家は、生きもののことも意識して農業技術を使いこなさなければならないでしょう。その分、農家の経済的な負担も、精神的な負担も増えることが予想されます。その負担の一部を、県民も引きうけるからこそ、生きものは安心して生きていくことができます。農政における環境政策の新しいスタイルである「環境支払い」とは、じつは農のめぐみに対する県民の「支払い」なのです。この政策が「県民と育む」と命名されている意味が、ここにあります。結局この支払いは、農家を通じて、生きものたちに届けられることになります。こういう精神を日本中に根づかせたいものです。それは生きものと一緒に生きてきた日本人の伝統を未来に引き継ぐ新しい手段なのです。

この文中に聞き慣れないデ・カップリングという言葉が出てきます。この言葉の意味を理解すれば、環境支払いの意味がよくわかるので説明しましょう。デ・カップリングのデとは反対という意味ですから、カップリングの反対つまりカップリングさせない（切り離す）ということになります。カップリングとは「つながること、連結すること、セットにすること」という意味です。日本に限らず先進国の戦後の農業政策は、農業生産と所得、農産物価格と所得というように、「所得」と生産・農産物価格をカップリングしてきました。ということは、農業生産が増えれば所得も増え、農産物の価格が上がれば所得も上がるように農業政策は組み立てられてきたということです。具体的に言えば、生産を振興する政策は、所得を上げる政策でもあったのです。また農産物価格を上げる政策は所得を上げる政策でもあったのです。何だ、あたりまえの政策ではないかと思うでしょう。

このあたりまえの政策が次第に通用しなくなっていくのです。とくにヨーロッパでは大きな壁にぶつかりました。農産物が過剰になって、農産物の価格が下がってしまったのです。そこで、生産振興策はやめて生産調整を行わざるを得なくなりました。農産物価格も高く補償することは困難になりました。これは日本の米生産ともよく似ています。そこでヨーロッパでは、生産量を減らし、農産物価格を下げることを容認せざるを得なくなっていくのです。ところがこれでは、生産・価格と所得がカップリングしているのですから、農家の所得も連動して下がっていきます。これでは農業は衰退していくしかありません。そこで考えられたのが、生産と所得を切り離し、農産物価格と所得を切り離すデ・カップリング政策です。生産が減少しても、価格が下がっても所得は維持できるように、「所得補償」を行うのです。

しかし、なぜ農業だけが所得を補償するに値するかを、国民に納得してもらわねばなりません。そのためには、まずは①食料は命の糧だから、農業を潰すわけにはいかないからです、と説明するでしょう。②もう一つは、先の引用文でも力を込めて説明されていたように、農業は、食料だけでなく自然環境などのめぐみも生産しているからです、と説明するべきです。ところが、これがヨーロッパではうまくいき、日本ではうまくいっていないのです。

とくに、②の説明が難しいようです。生産と所得をデ・カップリングするのが「環境支払い」だとすれば、「環境支払い」では、新たに生産に替わるものの価値を根拠として、税金をつぎ込み、所得に替わるものにしなければなりません。そのためには、

A：食べもの以外の「農のめぐみ」を明らかにし、

B：それをみんなで評価することが必要でしょう。

そこで、福岡では生きもの調査によって、福岡県内の田んぼとその周辺の膨大なデータがとられ、公表され、集積されることになりました。それは、地域の差や、個々の田んぼの差が、県民の目にさらされることになります。福岡県内の「絶滅危惧種」８０３種のうち、じつに約30％が田んぼとその周辺の動物・植物なのです。その実態はずいぶん明らかになりました。何

しろ、今まで農地の生きものは、害虫・害草以外は、調べられてもいなかったのですから。

　しかも、これらの生きものが自然に生まれたりしているのではなく、百姓仕事によって支えられていることを、百姓が自覚して語らねば、「農のめぐみ」は、豊かに表現できるわけもなく、Ｂの評価が県民や国民から得られるわけはないでしょう。

　ヨーロッパと異なり、日本で「環境支払い」の試みがなかなか広がらないのは、こうした試みが一部の地方でしか行われていないことに原因があるのです。

農の土台を支える政治

「多面的機能の増進」と言いながら、国政の環境政策への転換が遅れている理由は、未だに、「生産か、環境か」という二者択一の発想でしか、百姓仕事を見ていない人間が多いからです。「エコノミーとエコロジーの調和を」という程度の発想では、農業の土台がどこにあるのか、その「大切なもの」がどの程度に危機なのか、つかめるはずがないのです。しかし、やっと福岡県では、その危機感が深いから、やむにやまれず「環境支払い」を始めたのです。１００種類の「田んぼの生きもの」を調査し、目録をつくることが支払いの条件とされています。

　私の横に、夢中で「虫見板」上の虫に見入っている百姓がいます。水の中の虫たちを探している百姓がいます。「自分の田んぼに、こんなに生きものがいるとは、全く想像できなかった」とほとんどの百姓が口をそろえます。農薬を散布する百姓には、害虫しか見えませんでした。有機農業百姓であっても、益虫までしか見えませんでした。やっと、ただの虫にまで、百姓のまなざしが届こうとしています。しかし、私は「百姓は虫を見ながら、虫を見て感動している自分を見つめているのではないか」と感じます。ともに1㎜ほどしかない芥子《けし》肩広《かたびろ》アメンボやチビゲンゴロウが、一株の周りに5~10匹もいる。「こんな政策がなかったら、知らずに、死んでいっただろう」という発言には、実感がこもっていました。

　こういう生きものの世界に気づくことが、すぐに農業技術の改良や所得の増大に結びつくわけではありません。しかし、「何か大切なものを、取り戻したような気になる」と百姓が言うとき、その大切なものこそが、もっと深く語られなければならないのです。その大切なものこそ、今までの農政と農学そして農業技術と農業教育が本気で取りあげることのなかったものです。それは、農の原理です。決して、多面的機能や生物多様性ではありません。農が、そこに、いつも、あたりまえにないといけない原理なのです。自然やふるさと、百姓の情念や伝統、時の流れやタマシイなどと言い換えてもいいでしょう。

「環境支払い」は、カネにならないものの危機が深まるにつれて、その危機を救い出す思想を形成する過程で生まれ落ちた「政策」にすぎません。したがって、その救出法としての政策に注目する前に、この危機の本質に気づかなければならないのです。それは「人間中心主義」がもたらしたものではないでしょうか。あまりにも、すべてを人間を中心に考えすぎるようになりました。「農業は、人間の食料を生産する産業だから、当然のことではないか」と反論したくなるようなら、病は深いと言わざるを得ません。

稲は、稲だけ育てばいいものを、蛙やとんぼやめだかや井守《いもり》や白鷺《しらさぎ》を引き連れています。稲だけが、育つことはありません。多くの生きものが、稲のまわりで育ちます。しかも、それを育てるには、百姓の力が不可欠なのです。こうした生きものが育つから、稲も育つのです。じつに、ごはんを食べるという行為は、百姓仕事を通して、生きものを育てる行為の一部をなしています。このことが、人間中心主義を当然だと考えるようになった現代日本人の大多数には見えなくなっています。

福岡県の「環境支払い」は「県民と育む農のめぐみモデル事業」と命名されています。多面的機能などという変な日本語ではなく、ずっと二千数百年も続いてきた〝めぐみ〟の危機を、百姓だけでなく、県民挙げて救出するために、税金を投入したのです。百姓の所得を確保するため、農産物の輸入に対抗するため、絶滅危惧種を守るため、などというのは、表面にすぎないのです。福岡県よりも1年早く始まっている滋賀県の「環境支払い」も、単に「琵琶湖の水を守るためだろう」という程度の見方では、本質はつかめないでしょう。ともに農を見つめる〝まなざし〟を深め、百姓の矜持を取り戻すための知恵なのです。

百姓は、今からこの国の思想をリードしなければなりません。なぜなら、カネにならない世界を未だにいっぱい抱きかかえているからです。そうして、このカネにならないものこそが、大切なものであり、未来に引き継がなければならないものだからです。現世の人間中心主義を超えることができるのは、もう百姓しかいないのかもしれません。先祖から引き継ぎ、私たちの人生を支えてくれた「大切なもの」を、未来に手渡すための新しいスタイルの政策を、福岡県や滋賀県の百姓たちは、先行して、行ったのです。そして、このこと自体が百姓にあらためて「大切なもの」を実感させることになっている光景を見るたびに、私はこの政策の必要性を、つよく確信します。

環境支払いの目的

農業経営や農業技術では「再生産」できるかどうかが問われ続けてきました。ただし、この場合の「再生産」とは、経済的にコストが補塡できるかどうかを問うものでしかなかったのです。その費用は米の売り上げで賄われるものですから、米価が「生産原価」を割ると、再生産ができなくなる、と判断されてきました。ところが、現代では米の価格は原価を割りこんでいる場合でも、多くの百姓は栽培し続けています。それはどうしてでしょうか。

米だけが生産物ではないからです。米と同時に、カネにならない多くの「自然のめぐみ」が引き出され、もたらされるからです。仮に米の生産コストを補えなくても、在所の自然や風景や共同体が守られるなら、田をつくり続けるのは当然なのです。このことを農政や農学は正当に、農の中に位置づけることができませんでした。

再生産とは、稲だけでなく、田の中の生きものが生をくり返すことも含むのです。こうした世界こそが、「米の生産」と呼びうるでしょう。私は、もう20年も前から、農業生産の再定義を訴えてきましたが、とうとうそれが「環境支払い」という政策で実現しようとしています。広く豊かな「イネの生産」を米の販売金だけでなく、住民の自然環境への支出（税金・行政予算）でも補おうという政策です。わかりやすく言えば、

ア　米は400kgしかとれないが、赤トンボは5000匹生まれる田と、

イ　米は500kgとれるが赤トンボは10匹しか生まれない田が、あるとしましょう。

アの田んぼは米の売り上げは少ないが、自然が豊かなので、政策で支えようという方策の一つが環境支払いです。この場合、

①米の収量が少ない分を補塡するか、

②赤トンボの価値を支払うか、

で発想が異なってきます。残念ながら日本では、まだどちらの根拠も国民の支持を受けていません。なぜなら、そういう政策思想を提示されたことがないからです。これは百姓にも言えます。カネになる生産のための助成金・補助金しか政策要求してこなかったのは、近代化途上

の政治のどうしようもない体質だったと思います。本来は、②赤とんぼの価値に対して支払うのが筋ですが、ほとんどの田んぼでは、赤とんぼが何匹生まれているかを百姓すらわかっていません。そこで、福岡県では、

③赤とんぼの調査に助成金を支払う

という別回路を思いついたのです。しかもこの環境支払いを「県民と育む農のめぐみモデル事業」と呼んでいます。言うまでもなく「農のめぐみ」とは、カネにならない「生産物」のことです。このように日本における「環境政策」は、必ず価値転換の準備から始まらざるを得ないのです。

しかし、この③に対する支払い額にしても、支出根拠は「調査経費」の補填という体裁をとらざるを得ないのです。そのことを論難するつもりはありません。その調査結果に基づいて、環境の内実を評価し、赤とんぼの存在にこそ、環境評価を行い、赤とんぼの対価を支払うまでの方便だと、福岡県庁も、じつは私も思っていたからです。これが、いかに浅薄であったかを思い知ることになりました。それは次の項から説明していきますが、ともかくこうして稲を支えてきた稲以外の「生きもの」に対して、政策の目が届いたことを、私は万感の思いで受け止めたのです。

注　福岡県では、2005年から2007年まで生きもの調査に参加した百姓には、10aあたり5000円と一戸あたり1万3000円の「環境支払い」が行われていました。

ヨーロッパの環境支払い

　私は農業は工業並みに生産性を上げて競争力をつけて「強い産業」にならねばならない、という考え方は根本的に間違っていると思います。あまりにも経済性を重視しすぎていますし、さらに自然との関係で言うなら人間の欲望だけが露骨に現れていて、恥ずかしいぐらいです。これまでも話してきたように、農業が農産物を生産しているというなら、その農産物には自然の生きものも、田舎の風景も祭りも含まれていると言うべきでしょう。しかし、食料などの経済価値の追求は、自然などの経済価値がないものの生と対立することも、いろいろと語ってきました。それではこの対立をどうして乗り越えていけばいいのでしょうか。

　私はこの経済価値がないものに対価を払う政策を日本でも始めるしかないと考えています。この政策を「環境支払い」と言います。ヨーロッパでは普通に実施されています。たとえば、もう10年ほど前のことですが、ドイツのバーデン・ヴュルテンベルグ州のこの環境政策を調べに２回ほど訪問したことがありました。ちなみに当時のドイツの専業農家の平均所得は約４００万円でそのうち２１０万円が州政府とＥＵ（欧州連合）からの助成金で、さらにそのうちの70万円ほどが「環境支払い」でした。ここではそういう経済価値のないものに税金を支出している国民の意識を理解してほしいので、私が衝撃を受けた経験を話します。

あるりんごを栽培している百姓を訪問しました。貿易の自由化でりんごも値下がりして、加工用のりんごでしたが、出荷価格が100kg1000円だと言っていました。私は思わず10kg1000円の間違いではないかと聞き返したぐらいでした（りんご1個は小玉で250gですから、100kgは400個分です）。そこでその百姓のグループでは自分たちでりんごジュースの工場をつくって、独自のブランドで出したら、飛ぶように売れているというのです。その理由は何だと思うかと私たちは逆に問いを出されたのです。そのりんごジュースをごちそうになりながら、私たちは懸命に答えました。「おいしいからでしょう」違う。「無農薬栽培だから安全性が売りなのでしょう」。違う。「安いからでしょう」。とんでもない。他のりんごジュースよりも30％以上も高いんだ。「栄養がたっぷりだから」「香りと色がいいから」「パッケージがいいから」。すべて違うと言うのです。ほんとうの答えは何だったと思いますか。「町の人たちは、このりんごジュースを飲まないと、この村の美しい風景が荒れてしまう、と言って買っていくんだ」という回答でした。私は心がふるえました。私たちはいつの間にか、りんごジュースの価値に限らず農産物の価値をカネになる価値でとらえるようになってしまっていいます。りんご園の風景の価値を知らないわけではありませんが、それはりんごの価値とは別のもので、カネにならないタダの価値だと思いこむようになっています。

もちろんドイツでもこういう農産物の見方は十数年前から生まれてきた新しいとらえ方で

野の花に対する環境支払いのガイドブックの一部（ドイツ・バーデン・ヴュルテンベルグ州）。草地の草花への直接支払いの格付けマニュアルとなっている

す。カネになる価値だけでは、安い農産物がどんどん入ってきて、百姓が潰れるだけではなく、市民にとっても大切な自然の生きものや風景までも破壊されていくという危機感が強くなったから生まれた考え方なのでしょう。カネになる価値だけを市場でやりとりすることは、私たちが生きている社会の土台を知らないうちに壊しているので

はないでしょうか。資本主義がカネだけの価値で暴走しないようにする新しい知恵をドイツの人たちは生み出していたのです。

こういう国民の価値観を土台にして、農業を守るために税金から「環境支払い」が行われていたのです。そこで、ドイツの中でも最も評判のいい「環境支払い」を紹介しましょう。

バーデン・ヴュルテンベルグ州の政策で私が感嘆したのは、野の花への環境支払いでした。草地の中に、野の花が4種以上見つかるとhaあたり5000円の「環境支払い」を請求できるのです。百姓なら、金額が少ないと思うでしょうが、これは50種ほどある環境支払いのうちの一つですし、ドイツの百姓の耕作面積は四十数haで日本の約50倍あるのですから、心配ありません。もっともどんな花でもいいわけではなく、28種の指標がカラー図鑑として作成してあり、そのうちの4種を見つけるのです。

私も実際に草地で調べさせてもらいましたが、1回か2回草を刈っているところでは簡単に見つけることができました。ところ全く草刈りしていない草地や3回以上も草を刈っている草地では、四種以上は見つからないそうです。これは日本の田んぼの畦草にも当てはめることができます。私は1年間に6回、畦草刈りをしますが、田んぼの畦には約200種の野の花が咲きます。ところが近所の休耕田の放置された畦を調べると、50種も生えていません。しかもみすぼらしい咲き方です。なぜなら、ときどき草を刈るから、背丈の高い草は刈られてよりダメージを強く受け、逆に低くて弱い草には陽が当たるようになります。放置すると背丈の高い強い背高泡立草や茅、薄、荒れ地野菊などの草ばかりになります。

そこでドイツの百姓に尋ねてみたのです。この政策で元気になりましたか、と。すると草刈りを1回減らしたので、草の収量が減って、この支援金をもらっても所得は増えなかったが、村の民宿やレストランの人が喜んでくれた、と言うのです。都会から村にグリーンツーリズムでやって来た人が、野の花が咲き乱れる草地の間を散歩したりサイクリングしたりすることができて、感謝されると言うのです。つまり百姓仕事が評価されているので、百姓にとっては自分の誇りを取り戻すことができるのです。

またこの環境支払いは、食べもののふるさとを美しくする政策だとも思いました。このように「環境支払い」は農産物を販売して収入を得ること以外の、新しい所得の得方だけではなく、百姓と消費者の共通の財産である自然を守っていく具体的な方法なのです。

すでに日本でも始まっている例をいくつか紹介しましょう。滋賀県では、琵琶湖の水を汚さないような農業のやり方に対して、10ａあたり5000円の環境支払いが2006年から行われています。福岡県では生きもの調査をした田んぼには、10ａあたり5000円の環境支払いが2005年から行われました。兵庫県豊岡市や新潟県佐渡市では、コウノトリやトキのための餌を育てる農法の田んぼに環境支払いが行われています。

生きもの以外では、横浜市では住民税を900円増税して、市内の貴重な緑地空間である農地に（田んぼには10ａあたり2万円）環境支払いをしています。熊本市では水源の地下水を守るために、上流の水源である田んぼの休耕田に水を溜めてもらうために環境支払いを市外の農地に行っています。このように地方自治体では、財源難にもかかわらず、食べもののふるさとの自然環境を守るために様々な工夫をして「環境支払い」が実施されているのです。

環境を「売る」ことは堕落か

いわゆる「環境支払い」を実現するためには、三つの難題が立ちふさがっています。

①百姓は生産振興の助成金なら抵抗なく受けている人も、こういう支援金を嫌がる人が圧倒的に多いのです。「百姓で生きていく以上、痩せても枯れても自分の力で所得を得なければ、みじめになる」という意見は大多数を占めます。環境支払いは、農産物の売り上げだけでは所得を維持できない百姓への「生活保護」「生活保障」「所得補償」だと受けとめられているのです。でも「米価」でのかつての二重米価政策（生産者価格が消費者価格よりも高く、その差額は政府が負担していた）も間接的にはそうではなかったのか、という反論は通用しないようです。それは、まがりなりにも、米の価格としてもたらされていたからです。

じつは、こういう違和感・嫌悪感はドイツで「環境支払い」を受けている百姓にも、少なからずあり、その完全な払拭には時間がかかりそうな話でした。

そこで「環境支払い」分を米の価格に上乗せすればいい、という主張も現れていますが、これができるぐらいなら苦労はありません。しかし仮にできたとしても、自然環境への負担や支援は、その農産物を購入した人だけが受け持つというのでは、不公平でしょう。買わない人は負担しなくていいのですから。

②環境支払いは百姓に「環境保全」という新たな負担を強いることになる、という反発も出てきています。たとえば、「せっかく近代化で楽になったのに、畦の除草剤をやめて草刈りすると環境支払いの対象になると言われても、草刈りは大変だ」というような反応です。

このことへの対応は簡単でしょう。環境支払いを百姓仕事ごとに細かくメニュー化して、たとえばドイツみたいに50種ぐらいの政策メニューから百姓が、選ぶのです。しかし、たぶんこういう発言をする役人や百姓は、近代化路線を否定されたくないのでしょう。環境支払いが農業政策の主流になると、それに取り組まない百姓は、疎外感を感じるようになるかもしれません。それが怖いのでしょう。だからこそ、全面的な近代化否定の政策ではなく、できるところから徐々にやっていくことができるように、政策メニューの細やかさが必要なのですが、これは中央政府や日本農学には苦手なことなのです。なぜなら外からのまなざしだけで、農業を見てきたからです。

③次に、そもそも環境にカネを支払わねばならないのか、という消費者側からの疑問は払拭されていません。「私は赤とんぼや蛙などに価値を見出してはいない」「そもそもそういうもの

が農業によって生み出されていることが理解できない」という意見は、根強くあります。これは百姓の①の違和感と同根です。そこでどうしたらいいかを考えてみましょう。

また、むしろ自然環境を評価する側からも、自然をカネで評価し、それを守るためにカネで支援することに対する反発も厳然としてあります。そのカネが百姓の「所得」を補償するしくみが、なおさらこういう人たちには嫌悪感を抱かせているようです。これを解消していくにはどうしたらいいでしょうか。

④さらに、こういう事情を反映して、「環境支払い」の支払い方法と支払い額の算定は、定まっていません。それは、何を評価するか、ということに加えて、どういう方法で評価するかという議論が不十分だからです。この額の算定と支払い方法（支払い根拠）は、果たして国民の合意を得られるほどに合理的なものが開発できるでしょうか。この問題も大切です。たしかに「環境支払い」の議論は始まったばかりです。

たとえば「環境支払い」が、水質悪化防止対策として、減肥料技術に対して実施されている場合に、その減肥料技術が容易に実施されるようになり、収量も減ることなく、コストも増えることがなくなったならば、払う必要はなくなるのでしょうか。あるいは、赤とんぼを増やす仕事に対して支払われているものは、赤とんぼが復活し、赤とんぼへの配慮技術のコストもかからなくなれば、払わなくてもよくなるのでしょうか。一方で、米価が下がり続けているとしても、です。結論を先に述べておけば、価値を従来の有用性や交換価値に限定して論じる限り、この難題は超えられないでしょう。

交換価値では計れないもの

これほど交換価値（経済価値）が大手を振って歩き回るようになると、すべてを交換価値（経済価値）で表現することがあたりまえになっています。たとえば、「タガメは絶滅危惧種だから、貴重なんですよ」と表現するより、「もう1匹5000円もするようになってしまったんですよ」と言った方が、説得力を持つし、実感も湧くようになってしまっています。かつて40年ほど前まで普通に言葉にされていた「どんなにカネを積まれても、田畑を売るわけにはいかない」という交換価値を拒否してきた価値観から見れば、じつに嘆かわしい事態かもしれません。

しかし、当時はカネにならない価値があたりまえのように存在していて、カネになる価値を拒否することも、難しくはなかった時代でした。今は、むしろカネにならない価値があたりまえではなくなってきて、かえって見えてきたのではないでしょうか。百姓仕事が生み出しているものだとは、意識することもなかった赤トンボや蛙や野の草花が、「農業生産物」だと言っても、現代では「そうですか」と言ってくれるようにはなったのです。ここからもう一歩で、カネにならない農産物である生きものや風景が本格的に評価される時代を引き寄せることができるでしょう。

そのためには、計算式や経済学よりも、もっと大切で有効な手段があります。それが「生きもの調査」です。当初「農と自然の研究所」によって生きもの調査が提起されたときには、「めぐみ台帳づくり」「生きもの目録づくり」と明確に目的が表現されていたことを思い出すといいでしょう。わが家の、わが村のカネにならないタカラモノの「台帳・目録」を作成するのです。その「台帳・目録」が大切なのではなく、それをつくる過程がすでに目的なのです。なぜなら、そこには「まなざし」が生まれるからです。その「まなざし」がすでに使用価値であるし、タカラモノなのだからです。

さらにその「まなざし」から、言葉が生まれ、情愛が生まれます。その情愛は生きものだけに向けられるのではありません。百姓仕事に、田んぼに、開田した先祖に、引き継ぐ子孫たちにも向けられるものです。

資本主義とは残酷な制度です。人生は決して交換価値（経済価値）だけで成り立っているわけではないのに、「所得」が人生を規定する最も大きな価値であるかのように錯覚させてきました。しかし、少し冷静になって考えればわかることですが、人生の大半はカネにならないもので支えられています。たとえば「空気」を例にとりましょうか。空気がなくては百姓は生きられません。しかし、空気には交換価値がないから、タダです。タダなのはありがたいのですが、その空気を製造しているのは植物であり、その植物の生長を見守る仕事が百姓仕事なら、間接的にその空気は百姓仕事の「生産物」です。つまり、交換価値（経済価値）はないが、使用価値はあるというわけです。

最近、ある離島の田畑（有機栽培らしい）の空気がペットボトルに詰められて、「島の風」というブランドで売られています。なかなかの評判らしいのです。1ℓ500円だそうです。今ではミネラルウォーターには誰も驚かなくなったように、やがてこのような「空気商売」も全国に波及し、日本人は様々な空気を吸い分けて喜ぶようになるかもしれません。こうなると、空気には交換価値がないという先の発言は取り消さなければならなくなります。

使用価値も交換価値も人間がつくる価値です。私などは島の風に使用価値も、交換価値も認めたくはありません。しかし、その離島に住む人たちにとっては、立派な使用価値がずっとあり、これからもあるでしょう。その一部が交換価値になったことを批判する資格は私にはありません。ミネラルウォーターのように。島の百姓にとって、それで島の自然や農地や百姓仕事や暮らしが守られるのなら、島の風を売ってもいいと思います。その売り方には十分気をつけないといけませんが、私は面白いと思います。

このように交換価値に換えなくても、使用価値のまま評価する道が、「環境支払い」ではないでしょうか。それは必ずしも、税金からばかり支出される必要はありません。企業からも、消費者からも、支払われていいでしょう。百姓が自分の力で稼いだ「所得」だけで生きていきたい、というときに、すでに交換価値しか認めない資本主義の価値観にどっぷり浸食されていることに気づいていないのです。「島の風」のようではなく、「ただの風」に国民から、消費者から、企業から、地域社会から届けられる使用価値の「お礼」だと思って、いただけばいいのです。「いや、おれはカネには困っていない」というのなら、その「お礼」はカネに恵まれない環境NPOなどに寄付すれば済む話でしょう。

そもそも「自然」は自然にそこにあるものという理解は、現代人には許されるはずがないでしょう。なぜなら、「自然」を外側から見てしまったからです。外側から見ないと自然という認識は生まれないことは、すでに述べ尽くしました。つまり、明治時代までの日本人と違って、私たちは自然の使用価値を十分認識しているのです。だからこそ「自然を守れ」「自然は大切だ」「自然に癒やされる」などと平気で発言するようになっています。したがって、あとはその自然をつくり、支え続けてきた百姓仕事に着目すれば、自ずと目は覚めると思うのですがどうでしょうか。問題は誰がどのように、国民のまなざしを自然と百姓仕事の関係に向けさせていくかでしょう。

私たちの言っていること、やっていることに対して、「気持ちはわかるが、そういうやり方ではいつまでかかるのかわからない」という批判も根強くあります。しかし、自然と農を守るのに、他にどんなやり方があるのでしょうか。教えてほしいものです。

13 章

経済の尺度と非経済との関係

この章では、経済という尺度によって、何が栄え、何が滅んでいくのかを考えます。そして農業には経済成長は必要ないという大胆な提案を行います。それは単に農業のことだけでなく、現代社会のこれからのあり方を考える上できっと参考になると思うのです。

殿様蛙の卵を食べる井守

経済価値だけで成り立っていない世界

2010年秋からTPP（環太平洋戦略的経済連携協定）に参加するかしないかが議論の的になっています。参加すると参加国同士の貿易では多くの「関税」がなくなります。これは経済を発展させるための協定だと言われていますが、農業にとっては死活問題のように話されています。このこと自体が、農業がいつの間にか経済の土俵の上に乗せられてしまっていることを証明しています。それほどあっさり経済のふところに入ってしまっていいのでしょうか。

たとえば、友情を経済価値で計る人間はいないでしょう。もし、あなたとの関係は50万円の価値があるというように言われたなら、侮辱を受けたと感じるでしょう。このように経済は狭い価値だったのですが、資本主義が発達するとそうではなくなりました。たとえば農産物の価値すら、平気で経済価値で語るようになり、そのことにほとんどの人は疑問や違和感を抱かなくなっています。それは一つの方便として有効でしょう。たしかに、国産の米で炊いた原価が1杯30円のごはんと、カリフォルニア産の原価が1杯10円のごはんが比較できるようになりました。「カリフォルニア米の方が安いよね」というようにです。

しかし、ここでどうして踏みとどまることができなかったのでしょうか。価格は便宜的なもので、ほんとうの価値を表現しているのではないと思うことができなかったのでしょうか。「カリフォルニア米が安いけど、私は国内産米を買います。なぜなら、経済価値に含まれない多くの価値があるからです」と言う国民を増やすことができなかったのでしょうか。農（田畑のつながりや百姓仕事や村の暮らしや自然や風景）を経済でのみ語るのは、無理だし、破廉恥だと言えなかったのでしょうか。

　ほとんどの人は、経済は経済として大事で、経済価値のないものはないもので、それなりに大切にしていると言います。「たとえば、家族との愛は経済価値ではないけれど、大切だ」と言います。ところが、その家族との愛だって、経済に侵食されていることは誰だって感じているでしょう。家族と過ごす時間は減っているし、家族への愛を表現する手段として経済価値が不可欠になりつつあります。つまり、経済と非経済は棲み分けできずに、対立関係になりつつあるばかりか、非経済分野は経済分野から不断に侵食されています。そのことに気づかないようになってきているのです。情愛がカネに蝕まれていることが見えにくくなっています。

　ＴＰＰ反対運動をしている人たちも気をつけないといけないのは、経済で語れば、経済で反論され、論破されてしまうということです。「農業は壊滅的な被害を受けるから、食料は国内で自給しなくてはいけない」と言ったって、「あなたの身につけている衣服のほとんどは輸入製品でしょう。そうやって、百姓もまたわれわれ繊維業を潰滅させてきた一員ではないか」と反撃され、経済の土俵の上に乗せられてしまうのです。

そのときに「それでも農業は別だ」と言うべきなのですが、その根拠はどこにあるのでしょうか。「農家は経済的に困る」という論理では、相手を説得できないでしょう。経済の土俵の上の論理では、弱いものは負けるのです。農業よりも先に滅んだ業界も少なくないのです。

もっと、経済への違和感を表に出すべきです。経済の土俵ではない、非経済の土俵をつくるのです。経済が経済で循環しているうちはまだしも、いつのまにか資本主義が発達してくると、「経済成長」を求めるようになりました。果たして農に経済成長は不可欠なのでしょうか。日本の政府は日本という国家の価値を高め、維持するために経済成長が必要だと主張していますす。それに対して、他産業はともかくとして、農業だけはもう経済成長を望んでいない、となぜ言わないのでしょうか。これ以上の生産性向上（それを国内改革とか構造改革とかいくら言葉を換えても）の犠牲となって、滅んでいくものの代弁を百姓がしないなら、自然へ働きかける仕事や暮らしだけでなく、自然の生きものや風景や伝統的な情愛の源が死んでいくでしょう。これらの仕事や生きものに成り代わって主張すべきではないでしょうか。

しかし、冷静に考えみましょうか。これまでの国境措置としての「関税」はこれらの生きものや自然や文化を守る手段だったのでしょうか。ここに大きな闇が口を開けています。関税もまた、経済の土俵の上の技でしかなかったのです。そこでもっと早くから別の土俵を準備しておくべきだったのに、手をつけないままであったことに気づくべきでしょう。経済ではない土俵を提案し、そこの上で様々な技、つまり政策や表現や世論や農業観を出し合うべきでしょう。

国の政治とは、ナショナルな価値を支える一つの方法ではあると思います。そのナショナルな価値の中には、非経済の価値も含まれるはずです。最近の首相の誰もが口にする「国益を守るために」という大義名分の「国益」とは経済的な価値ばかりだという印象ですが、国益とはそんなものでしょうか。国益の中の非経済価値が、国益の中の経済価値と両立できないときに、なぜ両立できないかを国民に示すことが百姓の務めではないでしょうか。それは足元の水のぬくもりや顔を撫でる風の涼しさや夕空を染める赤とんぼの群やきれいに刈られた畦に咲く野の花のあでやかさから語り出すしかない、と私は思います。そういうスタンスの運動は、TPP参加の是非とは関係なく、やってきたことだし、これからもやっていくことなのです。

私は非経済の土俵の上で、とりあえず1兆円程度の環境支払いを、不安定で常に削減され続ける関税に替わる政治として、提案しています。それは何よりも経済とは別の土俵があることを示すためでもあり、農業を市場経済から外して隔離していく手始めの政策なのです。

震災の中の経済と非経済

東日本大震災における経済と国家の関係を考えておきましょう。一人ひとりの国民の、被災者の苦しみに寄り添おうとする気持ちを「共苦」と私は呼びます。家族や友人を亡くした悲しみ、家や田畑をなくした悲しみ、家や田畑があるのにそこで生きることができない苦しさを、まるでわがことのように感じて心を痛めることが「共苦」です。その「共苦」を共有しようとする共感の輪が、とりあえずはニッポンという単位で表現されています。「がんばろうニッポン！」というようにです。多くの日本の国民が、支援物資や支援金を送り、震災のための国家単位の増税に賛成しているのがその典型的な表れです。

ところがそうではないものが同居していることに気づかざるを得ません。その典型が全国知事会の会長まで務めた前福岡県知事の発言です。「震災復興のために増税すると、海外に逃げていく企業が出てくるので反対だ」と真顔で発言していました。同じように経団連会長も「脱原発で電気料金が上がると、海外に移転する企業が増えて、国力が弱る」と発言しています。福島県ではまだまだ多くの人がふるさとに帰還できず、原発事故のために大切なものを失ったままなのに、原発再稼働や原発輸出が進められようとしています。この無神経さはどうしてでしょうか。

個人の共苦よりも、国家の経済を重視する思想が政治を占拠しています。日本国の経済が何よりも先に復興しなければ、個人の支援はたかが知れていると言わんばかりです。一人ひとりの国民の、人間としての共苦の情愛よりも、経済が重要だというのが、経済を語るときにどうしても生まれてくる性向なのです。これはどうしてでしょうか。

原発の再稼働の議論でも「福島では放射能に苦しんでいる最中なのに、他県では原発を再開するのは、破廉恥ではないか」という福島県知事の発言には共感します。原発事故はいつのまにかローカルな事故になってしまっています。「共苦」を抱きしめるような暇があれば、日本経済の復興を最優先にすべきだという本性が剝き出しになっていて、私は醜悪だと思いますが、本人たちは平気なのです。東日本被災地域への支援も、ナショナルな価値である経済活動の復活があってのことだ、という現代日本人の思考パターンの一面をよく代表しています。

ここには「共感」はあっても「共苦」がないのです。情愛は、経済の陰に隠れていきます。ローカルよりも国家を大切にするナショナリズムはあっても、国家という単位が成立する前の共同体を支えてきたものへのまなざし（伝統的な愛郷心＝パトリオティズム）が失われています。たしかに「苦しみ」をともにしていつまでも生きることは、家族ならともかく、他人では難しいでしょう。まして多くの国民には、遠く離れた地方のことなのです。しかし、人間と人間との関係、人間と自然との関係、現世と過去と未来との関係などの、生きる場の世界観は経済よりも大切ではないでしょうか。「がんばろうニッポン」には、じつはこの二つの（二重の）ナショナリズムが同居しているのです。

福島県飯舘村（2011年5月、安井一臣撮影）

経済の思想効果

経済という言葉はよく使われるようになりました。それは「食っていけなければ、話にならない」というような言い方の根拠が経済に置かれるようになったからです。1章で説明したように、かつては食っていくということは、生業《なりわい》の仕事をすることでしたが、現代ではカネを稼ぐことに変化しています。これは資本主義が発達したからです。このように経済は人間の価値観を変えていきます。便利な手段だった貨幣が、それ自体が価値に変化してきたのです。

それに12章で提案した「環境支払い」の根拠は、経済価値がない自然環境への対価を払う新しい思想でした。これは経済が「市場価値」で決められることへの対案でした。身近な村の中だけのやりとりは「市場」とは呼びませんでした。「物々交換」という経済があったのです。もちろん貨幣が村の中でも流通してはいましたが、それが中心ではありませんでした。それが貨幣経済の発達、資本主義の発達に伴って、村の中にも市場経済が進出してきます。私たち百姓も徐々にこの市場経済を受け入れてきました。これが自給の放棄につながったことも、1章で述べました。たしかに市場があり、カネがあれば、何でも手に入るように感じますが、それは錯覚でしょう。

むしろ自然環境や命のように、市場価値がないものは一旦失われるともうカネで購入することが困難です。そのことに私たちが気づき始めるのが、昭和30年代後半からだったような気がします。公害問題が難題として突きつけられたからです。公害は人間の健康を阻害しただけでなく、自然環境を破壊しました。水俣病は昭和27年（1952年）に発症が始まったのに、原因物質がチッソ水俣工場から排出されたメチル水銀であることが公式に認められたのが昭和43年（1996年）で、現在に至るまで未だに被害者の全員が認定されていません。いかにこうした問題が、市場では解決が困難かがよくわかるでしょう。

残念なことですが、公害がかなり技術的に解決できるようになると市場経済への疑問は育つことなく、むしろその後はかえって市場経済が花盛りになります。それもバブルの崩壊で少しは懲りたのかと思ったのですが、また元どおりになりました。かえって市場経済の健全化が課題になっていますが、要するに市場経済にあまりに欲望が群がりすぎて、市場経済ですらもてあましているのが現実でしょう。

経済の思想とは、「カネにならない」という言葉によく表れています。カネにならないけれども価値がある場合よりも、圧倒的にカネにならないものは価値がないという意味で使われるようになっています。市場経済とは、カネになるかならないかを考えさせる思想なのです。そしてカネにならないものを無価値として捨てていく考え方なのです。それは市場が拡大を続けているからでしょう。

国の市場はやがて村に広がり、現代では地球全体に及んでいます。いわゆるグローバル経済と呼ばれているものです。中国の富裕層をめがけて、日本の農産物の輸出振興に税金が投入されているのが、その典型です。じつは、私は資本主義は近い将来、自滅していくだろうと思っています。「投資」を庶民までがするようになって、カネは貯金するのではなく、運用するものだという認識が常識になりつつあります。田舎の私のような家にも、無差別の投資の誘いの電話がかかってくるぐらいですから、暗然とします。

農業に経済成長はほんとうに可能か

市場の存在と拡大を正当化している論理は一つだけです。資本主義には経済成長が不可欠だという思いこみです。なぜなら経済成長が止まると資本主義が破綻《はたん》するからです。私が言っているのではありません。経済学者のほとんどが言っていることです。たしかに経済成長するから、失業者も減り、税収も増えます。その税金をさらに経済成長の支援につぎ込めるし、福祉や環境にも回せます。いいことだらけのようです。しかし、そのためには「欲望」が肥大化し続けなければならないでしょう。格好よく言えば消費が拡大し続けなければならないのです。これは異常なことではないでしょうか。私たちに、これ以上何か欠乏しているものがあるのでしょうか。

最近では全国紙では、政府や多くの県がやっている中国などの富裕層への農産物の「輸入拡大」を持ち上げる論調が目立ちます。TPPが妥結すればさらに輸出を増やせるとエールを送っているのです。これこそ、国益を経済成長に収斂《しゅうれん》させようとする醜いナショナリズムの典型でしょう。どんな国でもいいのですが、自国の金持ち層が自国の百姓が生産した農産物を拒否し、外国の百姓が育てた農産物を品質がいいからといって購入して食べているなら、その金持ちたちにはナショナリズムがあるのかと問うべきでしょうし、その国の百姓は同じ国民だという気持ちを共有できないばかりか、憎しみを抱くのではないでしょうか。

まさかそのことによって、階級間格差を広げ、その国での革命の機運の醸成に期待しているわけではないでしょう。その国の百姓の憎しみは、輸出している国の百姓にも向けられることに気づくべきでしょう。日本の百姓は、日本に米を輸出してくる百姓と連帯できるでしょうか。同時に農産物を輸入されようとしている国の百姓と連帯できるでしょうか。

農産物の輸出拡大は日本国内の「食料自給率を上げる」ことになるそうです。そんな馬鹿なことを全国紙は言っているのです。経済で計算すれば、国家単位の出入りで計算すればそうなるのかもしれませんが、そういう計算は国民の食卓とは何の関係もありません。外国の金持ちのための農地が日本にあり、そこに税金が投入されていることは醜悪であり、腹立たしいと思う方がまともな感性ではないでしょうか。

かつて清朝の圧政から中国人民を解放するための革命を支援しようとして、少なくない日本人が海を渡りました。孫文などの革命家を日本でかくまったこともありました。その日本が中国の百姓から安く農産物や農産加工品を買いあさり、日本からは高い農産物を富裕層に売りつけています。何かが確実に変わりました。

私が経済成長を拒否したいと思う理由は二つです。まず、国家レベルでの話を続けましょう。そんなに経済成長はいいことだらけなのでしょうか。経済成長すればするほど、成長しない産業は衰退し失業者が出るばかりか、大切な仕事が失われることに目をつぶってはいないでしょうか。労働は生産性を追求させられて荒れていきます。そして効率の悪い仕事は海外から輸入されるのです。これも分業のうちなのでしょう。もちろん自然環境も破壊されていくことは言うまでもありません。つまりカネにならないけれども大切な世界を失うことにどんどん鈍感になっていくのです。経済成長という物語の麻酔が効いてくるのです。

次に、国家レベルではなく、一人ひとりの暮らしのレベルで考えてみてほしいのです。私たちは、これからもさらに進歩や便利さや物質的な豊かさを求めて生きていきたいのでしょうか。よく「これからは物よりも心の時代」というスローガンを見かけますが、心で物欲に対抗できないでいるのが現代の日本の現実でしょう。このスローガンの弱点は、物と心が対立するような緊張感がないことです。物欲もまた人間の心でしょう。その人間の心によって殺されていく側の心に拠って、対抗していこうとする気概が見えてこないのです。

私は物欲によって滅んでいくものたちの代弁者になることで、この程度のスローガンを超えていきたいと思っています。私たちのカネを求める欲望が、多くの身近な世界を破壊しています。その自制と反省がなければ、心は守れないでしょう。

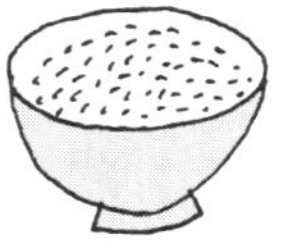

経済は非経済の上に咲く花である

資本主義は、それに対抗したかつての社会主義も含めて、所得で人間の幸せを計る論理を普及させました。「先立つものがなければ」という論理の前に、田舎の暮らしとささやかな農は苦難を舐めてきたのです。有機農業も生物多様性保全もこの乱暴な価値観に敗戦続きです。ほんとうに、そんなにカネ（所得）というものはいいものなのでしょうか。

この場合の所得を外からの「現金収入」と言い換えると、本質がよく見えてくるでしょう。もちろん自給している食べものも所得に換算するのが経済学ですが、これだけでは生きていけない社会になってしまったから、つまり資本主義が発達したから、自給以外の収入・所得が必要になってきたのです。そして所得は多い方がいい、と思い込まされてきました。何のために必要か、と問われるなら「生活向上のため」と答えるようになりました。その生活とは、豊かな物資を手に入れるために営まれるようになりました。自給では手に入らないものを欲しがるような社会では仕方がないでしょう。その結果、所得の向上が農業経営の目的になり、農業は手段に堕落していきました。

より効率よく所得を稼ぐ農業が、生産性の高い農業がいい農業だということになっていきます。ところが、80歳ぐらいの百姓の年寄りたちにアンケート調査をしてハッとしたことがありました。「あなたの人生で一番楽しかったのは、いつ頃ですか？　その理由は何ですか？」と尋ねてみたのです。ほとんどの人が昭和30年代と答えました。その理由は「家族みんなで仕事ができたこと」という答えが圧倒的に多かったのです。所得も少なく、仕事も楽ではなかった時代が輝いて見えるのはどうしてでしょうか。そこに百姓の最大の喜びと楽しみがあったからです。

貧しさ、重労働、不便さの三重苦からの解放が、農村の近代化の目標でした。そのために日本農政は資本主義を村に行き渡らせることに腐心してきました。かつての農民運動も同根でした。カネで解決できることだと信じ込ませてきたのです。

経済至上の価値観は、百姓を見るまなざしにも変化をもたらしました。かつて「自立経営農家の育成」というスローガンのもとに専業農家の育成が進められてきましたが、まるで兼業農家は自立していないかのようなこの思想こそが、所得しか眼中になかった農業近代化思想の神髄だったのです。以前は、工業に負けない農業を育成するための目標が、今ではグローバル化に対応するためのスローガンに変化しています。

しかし、どうして兼業では、小規模ではいけないのでしょうか。日本では一貫して、農業は兼業があたりまえでした。生きていくために、村の中で様々な役割分担が積極的に担われてきたからです。また自然と資源をできる限り豊かに活用するためです。糸を紡ぎ、染めて織る仕事を、兼業だとおとしめる思想は存在しませんでした。かつての農本主義は、兼業を誇りに思っていました。

兼業をサラリーマンとの兼業だと思いこんでいる人間が多すぎます。それも一つの処世で、悪いことではなかったと思います。しかし効率が悪い、採算性が低い仕事を外注することになったから、村は衰退したのであって、都市との所得格差が広がったからではないのです。

そもそも村の中では、専業に対して兼業を低く見る習慣はありませんでした。それはあくまでも農政の、国家からの見方なのです。その証拠に、専業農家と兼業農家の統計を取り始め、兼業と専業を明確に区別し始めたのは、戦後からです。近年では、「販売農家」と「自給的農家」（30a未満、あるいは販売金額が50万円以下）が峻別されるようになり、自給的農家は農政の対象から外されました。

カネにならない世界の評価方法

近所の子どもや、友人の家族に呼びかけて、田植えをします。これは日本農業とは、何の関係もない活動なのです。今日も田んぼで涼しい風に身を任せて、百姓の人生の充実を味わいます。これも日本農業とは無縁の行為です。通ってくる青年に百姓仕事を教えています。これも日本農業とは関係がありません。自分の所有地でもないのに、田んぼに隣接しているから河原の草刈りをします。これも日本農業とは関係ありません。「いや、それも日本農業の一部だ」と言いたいのなら、大きな勘違いをしていると言わねばなりません。日本農業は、一人ひとりの農の積み重ねで、成立しているのではないのです。全く別のところで構想され、まるで天から降りてくるように、私たちの村や家にかぶせられてくる帽子みたいなものです。国民国家とよく似ています。

日本の農学は、「日本農業」の発展のための学として生まれ、そして発展してきました。一人ひとりの百姓の情念や言葉や人生は、対象外でした。赤とんぼは日本農業に入ったことはありませんでしたし、自家用の飯米ができる田んぼもそうです。さらに生産性の低い百姓までも、日本農業に入れまいとしています。日本農業だけを、農政は対象にしたがるのは仕方がないかもしれません。しかし、自給のための農業を、統計の数字の上だけでしか扱えず、その伝統的な情念に頭を垂れることのない日本農政や日本農学ではとても寂しいと感じます。

14 章

そこにいつも、あたりまえにあるもの

いつも、そこに、あたりまえにあるものは、ほとんどがありふれていて、人に自慢するようなものではありません。しかしとても大切なものではないでしょうか。このことを考えてみましょう。

稲穂の赤とんぼ（薄羽黄とんぼ）

積極的な価値の影に隠れている消極的な価値

今日もまた、田んぼの畦で一休みするときに、空を舞っている数十匹の赤とんぼの姿が眼に入ります。静かに光を反射しながら水平に行ったり来たりしています。田んぼの上でいつも見られる風景です。今日もまたそこにいるね、と思います。ほっとしますが、あまりに見なれたあたりまえのことなので、仕事に戻ればすぐに忘れてしまいます。もちろん、こうして書いたりしなければ、人に伝えたりすることもありません。

ところがその年（２０１１年）は、赤とんぼが少なかったのです。いつもなら7月下旬になると、羽化したばかりの赤とんぼが車のフロントガラスにぶつかってくるのに、そういうことがありません。少し寂しい気がしますが、とりたてて危機感を抱くこともありません。少ない原因を真剣に探そうとも思いません（もう20年近く無農薬の田んぼですから、農薬の影響ではありません。田植え後の東南アジアからの飛来が少なかったのかもしれません）。

私は毎年赤とんぼ（薄羽黄とんぼ）の羽化殻を数えています。２０１１年は7頭／10㎡、２０１０年は78頭、２００９年は36頭でした。こうやって、田んぼのありふれた赤とんぼの数を数えている百姓は珍しいでしょう。２０１１年の赤とんぼの減少に気づいている百姓は、う

薄羽黄とんぼの羽化数

2010年	2011年
６月10日代かき、12日田植えの田	６月９日代かき、10日田植えの田
７月16日　1頭（羽化成虫初見）	1頭
17日　調査なし	1頭
18日　7頭　成虫が急に増えてきた	調査なし
19日10頭	0頭
20日12頭	2頭
21日14頭	1頭
22日16頭（結果的に前の晩が羽化ピーク）	1頭
23日10頭（午前6時にはもう飛び回っている）	1頭
24日　調査なし	0頭
25日　7頭（24日分も含む）	調査なし
26日　1頭（代かき後36日、田植え後34日）	調査なし
27日　０頭	0頭
28日　調査なし	調査なし
29日　０頭	0頭
30日　０頭（夕刻、薄羽黄とんぼの群舞がすごかった）	0頭
31日　０頭（これで、調査終了）	0頭（調査終了）
累計　78頭（／10㎡）	累計　7頭（／10㎡）

ちの村にはいません。このように赤とんぼにまなざしをそそいでいる私は、現代社会では異常な人間かも知れません。私には、ひとつの目的があるからです。

赤とんぼを育てる農業技術を誕生させたいということは、すでに語りましたが、ほんとうの目的は他にあります。このままでは赤とんぼがその文化とともに滅んでしまうからです。そこに、いつも、あたりまえにある自然（現象）を大切な価値だとして押し出したいのです。

私はときどき話を頼まれた会場で、赤とんぼを好きですか、嫌いですか、何とも思いませんか、と尋ねることにしています。若い世代になるにつれて、何とも思わないが増えていくことが気になっていました。その理由は簡単です。赤とんぼと触れあうときが少なくなってしまったのです。

私たち世代よりも上の日本人は、子どもの頃赤とんぼをつかまえて遊んでいましたし、田んぼで赤とんぼが自分のまわりに集まって来ることに慣れていました。それほど身近に存在し、つきあう相手だったのです。

現代では、ことさらに自然の生きものとつきあう機会をつくらなければならなくなりました。その新しいつきあいの方法を、新しく編み出さなければならないと考えているのです。百姓だって、それをやらねばならなくなったのです。生きもの調査もその手段ですが、もっと普段に生きものにまなざしを注ぐ時間を増やしたいのです。

田植えをした後、1週間ほどして田打ち車（草とり機）を押します。その後さらに10日以内に株間を草かき棒でかいてしまうと私の田んぼの中の草とりは終了です。10aあたり5時間ほどかかります。この最中に感じることを年代を追って説明してみます。

①最初のうちは浮いてくるコナギなどの「雑草」の多さに目を奪われました。根の長さや葉齢を観察したりしました。②そのうちに、生まれたばかりのオタマジャクシなどの生きものの多さに心を動かされるようになりました。③そして、近年はコナギとともに殺されていく草たち（星草や水松葉など）の死に胸を痛めています。

しかし①は他人にも「除草法」として語りますが、②と③を語ることはありません。こうして書いているから思い出すので、そのときは感じていても、すぐに忘れてしまうものなのです。そして翌年また思い出す「程度」のことなのです。そしてこの①②③の順に、価値があるものなのです。コナギは私の田んぼではいちばん草とりに苦労していたものだから、よく観察しなくてはならなかったし、オタマジャクシはよく目につく生きもので、親になれば害虫を食べる天敵として役立ちます。それに比べて、ただの草への関心はやっと10年ほど前から生じたものです。

さらに、草とりの手を休めて見上げた赤とんぼの羽の輝きや、にわかに吹いてきて体を包んでくれた涼しい風のことなども、そのときは感動したのに、すぐに忘れてしまうのです。そういうものなのです。しかし、こういうものがなければ、私たちの人生は殺伐としたものになるでしょう。もちろんこれらに経済価値などはありません。しかし、あえて強調するなら、やはり必要不可欠なのではないでしょうか。だからこれも価値と呼んでいいと思います。私はひそかに「消極的な価値」と名づけているのです。

これらの価値を認識するのは、それが失われたときなのです。そこに、いつも、あたりまえにあるときは、気にもとめなかった生きものや風景や自然や世界が失われてしまうと、その不在に気づいたときに不意に涙がこぼれてきます。２０１１年の東日本大震災によって、さらに原発事故によって、ふるさとを去らねばならなくなった人たちの哀しみの中には、こういう価値の喪失も含まれていると思います。

消極的な価値

人間が生きていくということは、積極的な価値ばかりを標榜し、そればかりに支えられていくのではないと思います。人生の大半は「消極的な価値」で支えられている、というのが最近の私の発見です。現代社会で「積極的な価値」とは、言うまでもなく経済価値であり、その極みは「国益・国富」でしょう。個人の富は所得で計るのが普通になりましたし、国の価値はＧＤＰなどと命名されている尺度で計ることができます。

しかし、畦道の彼岸花の風景や、赤とんぼの翅のきらめきや、子どもが弁当を抱えて田んぼにやってくるときのさざめきは、消極的な価値です。しかし、こうした価値・感動によって、人間の情愛は豊かになってきたのです。そしてこの情愛がみんなの共感を呼ぶときに、積極的な経済価値に対抗できるのではないでしょうか。これがじつは伝統的な愛郷心（パトリオティズム）の本体だったのです（これをもう一つのナショナリズムと呼ぶこともできるでしょう）。この消極的な価値を、豊かに詰め込んだ魅力的な、足下からのパトリオティズムこそが、ＧＤＰに代表される経済的なナショナルな価値に対抗できるものです。

私は、百姓仕事や百姓暮らしが支え、生み出してきた「自然」を思想化するために、県庁の職員を辞めて、農と自然の研究所の仕事を、百姓仕事の傍ら行ってきました。所得は半分以下になりましたが、ささやかに、たおやかに生きてきました。それは自然との関係と、人間との関係に支えられていたからできたことです。たしかに、この自然の価値の扱いには慎重になります。従来のように、経済価値で称揚するのには抵抗がありますし、かといって科学的に有用性を証明する手法にも違和感を感じます。もっと別な思想化ができないものかと、ずっと考えてきました。

私は、積極的な価値にうんざりしているのです。経済活動だけでなく、科学は「地球環境」までも積極的な価値として、自分のものにしようとしています。有機農業ももっと生産性を上げて、近代化農業と遜色のないレベルを目指すべきだという思想に接すると、「近代化精神」は現代人の骨身にまで浸透しているのかと、暗然としてしまいます。近代化で見失い、そして実質までも失おうとしている価値を、誰が救い出すというのでしょうか。生きているうちに、消極的な価値を思想化したいのです。近代化を超えるとは、こういうことなのです。

最近では、同じような思いを抱いている先人は少なくなかったことに気づいて、とても嬉しい思いをしています。そのうちの一人、上山春平の思いを紹介します。

私は、最近、ある雑誌から「信条」の記述を求められたときに、「谷神《こくしん》は死せず、これを玄牝《げんぴん》という。玄牝の門、これを天地の根という、綿々として存するが如く、これを用いて勤めず。」という老子の言葉と「その国は逆違《ぎゃくい》せずして、自然の牽《ひ》くところなり」という「大無量寿経」のことばを挙げて、「徹底した消極主義が徹底した生命主義と出会う地点」に心情のよりどころ求めたいと思っている、と書いたが、これは私のナショナリズム論の立脚点でもある。

谷の神は永遠に死なぬ。これを玄妙不思議な女性といってもいい。この不思議な女性の性器は天地の根といってもよい。すべてのものを生みつづけているが、努力してそうしているのではない。これが「老子」からの引用文の表面的な文意である。谷は凹んだ所、低いところである。低いために、そこにおのずと物が流れ集まってきて、豊かな生産力がたくわえられる。「谷神」というのは、低さ、くぼみ、卑しさ、おくれ、等々の消極的ないし否定的な外見が、かえって豊かな生命力、生産力、創造力の条件となっているようなもの、そうしたものの極致を象徴した言葉と解してよかろうかと思う。「玄牝」というのも、同様な二重性をはらんだ象徴と解される。この《谷神》とか《玄牝》といった言葉に象徴される思想を日本の政治思想としてはどうか、と私は考えるのである。

なんとこれは、農の原理であり、非経済価値を再生していくときの原理になります。私の言う消極的な価値の土台でしょう。残念ながら、上山春平はこの発想をこれ以上展開していませんが、百姓が農に引きとれば、自在に展開できるのではないでしょうか。

情愛のふるさと

生きものや自然への情感の深さは、どうして百姓の身につくのでしょうか。間違いなく、それは百姓仕事の積み重ねによって形成されると思います。しかし近代化社会では、その形成能力の衰えは避けられないように見えます。そのことをすでに、２４００年前に論じていた思想家がいました。

荘子の主著『荘子《そうじ》』（徳間書店）外編の「天地」編より、印象的な説話の前半部分を岸陽子の訳で紹介します。

孔子の弟子の子貢が、一人の百姓が畑で働いているのを見た。百姓は掘ってある井戸の水面まで降りて、甕で水をくみ上げては畑に灌水している。汗水たらして労ばかりが多くて、効果は少ない。

みかねて子貢は声をかけた。「そんなことをしなくても、一日に百畦の畑に灌水できる機械がありますよ。骨を折らなくても仕事の効果がどんどん上がりますよ。どうですか、使ってみては。」

百姓は顔を上げて、「それはどんなものかね」と尋ねた。「木でつくってあって、前が軽く、後ろを重くしてあります。それで吸い上げるように水を吸い上げ、沸きたぎる湯のような勢いで水が流れ出ます。その名をはねつるべと言います。」

百姓は一瞬むっとした表情をしたが、やがて笑って言った。「私は先生からこう教えられた。『機械があればそれを利用したくなる。機械を利用すれば、機械に頼る心（機心）が生まれる。機械に頼る心が生まれれば、生まれながらの心を失う。生まれながらの心を失えば、雑念があとを絶たなくなる。』と。私だってはねつるべを知らないわけではないが、堕落したくないから使わないまでのことだ。」

子貢は、百姓の言葉に恥じ入って、返す言葉もなかった。


もちろん今から二千数百年前の中国に近代化思想があるはずはないでしょう。しかし、当時の人間にも機械を使って効率を上げることへの違和感があったのです。今日から見ると「機械」とも言えないようなハネツルベに対してさえ、それを感じていたのです。そしてこのような人間は当時の中国でも、すでに少数派であったから、『荘子』はこんな話を創作したのでしょう。

「仕事は便利な方がいい」「少ない労力で多くの成果が上がる方がいい技術に違いない」「収量

は多い方がいい」などという現代を席巻している「価値観」は、たしかにすでに二千数百年前の中国にもその芽はありましたが（そしてそれは西洋の近代化思想によって正当化され、現代日本を覆い尽くしてはいますが）、それに対抗する思想も二千数百年間も「老荘思想」として受け継がれ、今日まで命脈を保っているのです。今日でも荘子の弟子はいるのです。現代日本人が「機械に使われている」と感じるとき、別に老荘思想を知らない人でも、人間の生まれながらの心との間に違和感を感じているのでしょう。

再び『荘子』に戻りましょう。なぜあの百姓は「ハネツルベ」を拒絶して、ひたむきに手で水を汲む仕事に打ち込んでいたのでしょうか。その仕事自体を楽しんでいたのです。それは単純作業のように見えるかもしれませんが、畑の作物のための仕事です。作物が喜んでくれるのです。

それならば、ハネツルベを使っても、同じように作物は喜ぶのではないか、と反論する人がいるかもしれません。ところがハネツルベを使うと機械に頼る心（機心）が生じ、つい効率を求める心（機心）が肥大化して、作物が喜んでいると感じる情愛が衰えていくのです。

現代にあてはめてみれば、田んぼに注ぐ水量を調節するのに、自動水位調節機能付きの蛇口バルブで調節するのと、百姓自らの手で水口の堰板の高さで調節するのでは、どういう違いが生じるでしょうか。もちろん前者が便利ですが、水を感じる感性は確実に衰えます。それに田んぼのことや稲のことを気遣う気持ちも衰えるでしょう。手間暇を省きたいという「機心＝近代化精神」が強くなり、人間が生まれながらに持っている生きものを見つめる感覚が弱くなっていくのです。

「稲（作物）が喜んでいる」と感じる感性の源が、この『荘子』で明らかにされていると、私は感じたのです。正直に言います。私にはまだ稲の声が聞こえません。それは私がいつの間にか近代化精神を身につけてしまったからでしょう。これを克服しない限り、稲の声は聞こえてこないのかもしれません。

人はなぜ自然に引かれるのか

なぜ人間は、と言っても自分の周囲の日本人のことしかわかりませんが、自然に引かれるのでしょうか。なぜ自然を求めて、会いに行くのでしょうか。自然の生きものが好きだとか、自然の生きものと話をしたい、自然の声を聞きたいというようなこともあるでしょうが、なによりも人は自然に包まれたいのです。それはなぜでしょうか。

一つは自然への逃避でしょう。苦しく悩み多い現実世界からの逃避先として自然が選ばれるのです。しかし、なぜ自然は逃避先として魅力的なのでしょうか。そこには人間がいないからです。人間の苦悩は多くが人間との関係で生じます。したがって人間がいないところでは、悩みの種がありません。ここには人間以外を「自然」と定義した文字どおりの自然の面目が表れています。しかし、逃避は逃避でしかありません。また、いずれ、あるいはすぐにもとの本来のところに帰らなくてはなりません。そうなのです。この自然は本来の場所ではなく、仮の宿なのです。この程度の自然は、人間のための自然ですから、そういうとらえ方しかできない自然ですから、まあ旅行としては適しているでしょう。しかし、この程度の自然への向かい方では、人は救いを見出すことはできないでしょう。

もう一つの見解は、本来の場所である自然に戻ることです。そこは逃避先ではなく、自分が自然のままに生きられる場所です。そこでは自分を忘れることができます。自然と一体になったときには、自分のために自然があるなどと思うことはないでしょう。忘我、無我の境地こそ、人間の悩みを突き放してくれます。逃避ではなく、悩む自身もまた自然に包まれていくのです。

この境地をとことん深めたのが、仏陀だったのではないでしょうか。その境地を目指して、仏僧は修行しました。悟りを開くとは、解脱するとは、覚醒するとは、すべてを忘れることだと思います。もちろん私はそんな境地になったことはありませんが、そういう修行などやろうとも思いませんが、百姓仕事で田んぼという自然世界の中で、仕事に没入していると、時間も、暑さ寒さも、場所も、自分がここにいることも忘れて、何かに包まれてしまっていることがあります。これを「百姓は忘我の境地にいつもなることができる」と言ったら、友人の百姓から「でもすぐに醒めて、醒めた後すぐに忘れる」とからかわれました。まあ、そういうことでしょう。

しかし、自然が本来の場所であるということはどういうことでしょうか。日本語では人間と峻別する「自然」という概念はなく、明治時代に輸入された言葉であることは、前に説明しました。それまでの日本人は「池の中のフナ」でした。自然の中で自然に泳いでいたのです。したがって、いつも自然の中にいたのです。自然から抜け出ることはありませんでした。その本来の位置に戻るのです。もちろん池の中のフナにも悩みや苦しみはあります。それを忘れるために、自分を池の水に溶かしてしまうのです。こうなるともう、フナなのか、水なのかわからなくなります。ここでほんとうの心の安らぎが得られるのでしょう。こういう境地を人間の理想と考えたのは、なかなかの発明だったのではないでしょうか。

仏教ではこの境地をニルバーナ（涅槃）とも表現します。釈迦がたどり着いた究極の境地だと言うのです。私たちはとてもそんなところまで行けるはずはありませんから、せめて自然と一体になる感覚を味わって済ませるのです。そのためには二つの方法があります。一つは百姓仕事に専念することです。「機心」を捨てて、手入れに没頭するのです。もう一つの方法は、自然の生きものと見つめ合うことです。

たぶん、百姓仕事の方がやさしいでしょう。しかし、あとの方なら誰でもできます。しかしこれは簡単ではありません。そのためにも忘我、無我の境地に近づくことが大切なのではないでしょうか。座禅や瞑想もその一つの方法でしょうが、私は野辺を歩き、草や花を摘み、虫や魚を捕らえることも一つの方法だと思います。なぜなら、そこには自然の生きものの生と死が待っているからです。生の喜びに感応し、死の悲しみに涙する感性、情愛を育むことができれば、子どもは自然を生涯の友とすることができます。

まなざしの先にあるもの

生きものの名前を呼ぶことはどういうことなのでしょうか。こんなことは改めて考えることはないでしょう。9月中旬になると彼岸花が咲き始めます。すると揚羽蝶《あげはちょう》が蜜を吸いに飛んできます。他の蝶は滅多に訪れてきません。私は揚羽蝶の名前がわかりますから、ほう今日は揚羽蝶と黄揚羽と長崎揚羽と紋黄《もんき》揚羽が来ているなと思います。しかし、揚羽蝶の名前を知らない人は、たぶんほとんどこれらの蝶に見向きもしないでしょう。名前を知っていることは、まなざしがその生きものに強く引きつけられるのです。その理由は、名前を呼ぶことができたという経験にあります。以前、何かの動機で、名前を覚えたのです。その動機こそが経験であり、とても重要です。

名前を暮らしの中で覚えるということは、その名前を習った人のまなざしを引き継ぐことなのです。学校や図鑑で覚える場合とはかなり異なります。私の経験を語りましょう。西日本では群れ飛ぶ赤とんぼのことを精霊とんぼあるいは盆とんぼと呼ぶところが多いようです。東日本ではこう呼ばない理由は簡単です。私の家の婆さんは、あれは盆に精霊様（先祖の霊）を乗せてやって来て、盆が終わると一緒に戻っていく、と言っていました。昔の盆とは陰暦の7月15日ですから、現在では8月に相当します。西日本の精霊とんぼ（盆とんぼ・薄羽黄とんぼ）は田んぼで生まれて、ずっと田んぼにとどまるものと、田んぼから移動していくものがいます。いずれにしても、8月には里にいます。盆の頃にいっぱいいるのです。一方、東日本に多い赤とんぼ（秋茜《あきあかね》）は田んぼで生まれたあと、8月には山に登ってしまい、里にはいなくなります。盆とんぼにはなれないのです。

たしかに盆の頃によく目につくとんぼとはいえ、なぜ精霊とんぼと名づけたのでしょうか。この赤とんぼ（標準和名は薄羽黄とんぼと言いますが、百姓は誰もそんな名前で呼んだことはありません）に、死んだ人の霊を託すほどに、愛着を感じていたのだと思いますが、なぜそれほどの愛着をこの赤とんぼに抱くようになったのでしょうか。たぶんそれは百姓の文化だったのでしょう。8月に、田んぼで肥料ふりや草とりしていると、すぐにこの赤とんぼが私のまわりに集まってくるのです。

まるで自分を慕って、寄ってくるようで、可愛いと思います（秋アカネがやはり東日本の百姓に好かれたのは、頭や肩にとまるからでしょう）。他のとんぼは決して寄ってこないのに、精霊とんぼが田んぼの百姓に寄ってくるのは、百姓をよく見ているからです。百姓のまわりには、百姓が動くたびに虫たちが飛び跳ねます。まるで百姓は虫たちを引き連れて、田んぼを歩いているように見えるのでしょう。「よし、私も一員に加わろう。そして、虫たちをごちそうになろう。なぜなら、百姓たちは、決して私たちを追い払うことはないから。いつもまた来たかと言ってくれるから」と思っているのではないでしょうか。

それにしても精霊とんぼを見るたびに、この名を呼んでいた人のことを思い出します。もちろんこの名前はわが家の婆さんがつけた名前ではないでしょう。しかし私は婆さんから習ったのです。そして大切なことは私は名前とともに、婆さんのまなざしを習ったのです。私が受け継いだのは、名前ではなく、精霊とんぼに向ける人間のまなざしと情愛だったと、この頃になって気づくのです。

私は小待宵草が好きです。夜に咲く花だと言われていますが、昼間から咲き始めます。しかし、夜に咲く花は少ないので、「月見草」という呼び名はふさわしいと思います。ところが、この草は「侵入種」で、生態系を壊すと、嫌われています。

福岡県農業大学校に勤めていた頃、大学校まで車で2時間もかかっていました。夏でも帰宅するともう暗くなっています。すぐに暗い中を、田んぼの見まわりにいくのが習慣になりました。すると、いつも田んぼの入り口でこの花が迎えてくれるのです。地面に這うように広がって、薄い黄色の花を咲かせています。とくに月の出ている夜は、花が浮かんでいるようで、嬉しくなりました。長い通勤時間も忘れてしまうことができたのです。

私はこの花の名前を図鑑で探して、コマツヨイグサだと見当をつけ、植物にくわしい友人に確かめて、覚えました。名前を呼びたかったのです。

小待宵草は新参の草だから、なかなか田んぼの畦の奥までは入れないでいます。入り口の車が入る場所から先には侵入できないでいます。これも可愛い理由です。どうやって、この村に来たのかは知りません。どこの国から来たのかも知りません。でも私は、そろそろ受け入れてもいいと思っています。もしこの花の名前を知らなかったら、このように語れなかったでしょう。

伝統と近代化の対立をどう超えていくか

宮沢賢治の「土神と狐」は、悲しい物語です。男性である伝統主義者の土神と近代化主義者の狐と、女性である樺の木が登場します。ほとんどの人はこれを三角関係のもつれによって、嫉妬に狂った土神が狐を殺す話だと受け取っているようです。私は近代化によっては幸せはつかめない話と受け取りました。狐は思いを寄せる樺の木に、レコードや天体望遠鏡をひけらかしますが、それは彼女に気に入られるための手段でしかありません。その狐に対抗する恋敵の土神は、伝統と土俗の魅力で彼女に迫らなくてはならないのに、心の底で近代化に憧れているものですから、狐が持っている近代化された物財への嫉妬も激しくなります。それが土神を一層辛い気持ちにして追い詰めていくのです。最後の部分を引用してみましょう（『土神と狐』新修宮沢賢治全集第十巻、筑摩書房）。


土神はいきなり狐を地べたに投げつけてぐちやぐちや四五へん踏みつけました。

それからいきなり狐の穴の中にとび込んで行きました。中はがらんとして暗くたゞ赤土が奇麗に堅められてゐるばかりでした。土神は大きく口をまげてあけながら少し変な気がして外へ出て来ました。

それからぐつたり横になつてゐる狐の屍骸《しがい》のレーンコートのかくしの中に手を入れて見ました。そのかくしの中には茶いろなかもがやの穂が二本はひつて居ました。土神はさつきからあいてゐた口をそのまゝまるで途方もない声で泣き出しました。

その泪《なみだ》は雨のやうに狐に降り狐はいよいよ首をぐんにやりとしてうすら笑つたやうになつて死んで居たのです。


近代化主義者だと思っていた狐の家（穴）には、近代化されたものは何もなかったのです。この着ていたレインコートのポケットには、かもがやの穂が二本入っているだけだったのです。これは何を象徴しているのでしょうか。近代化とは、夢幻なのかもしれないと思いました。それに憧れているときには輝いていたものが、近代化の夢が覚めたら、確実に残っているものは、野の草でしかなかったのです。

それにしても、悲劇は狐よりも土神をより濃く覆います。この物語の主題は土神という「伝統・反近代化」側の精神が近代化に敗北していくことです。近代化は、欲望をかき立てるものです。そうでないものは、近代化とは言わないでしょう。そして、その欲望はもともと「内発的」なものだったように思わせていくので、必ず近代化に「遅れている」ものに、深刻な葛藤と挫折と嫉妬をもたらすのです。

近代化に浮かれている人よりも、伝統の側にとどまりながら、近代化に身をさらされているものの悲劇を、宮沢賢治は昭和初期に描かざるを得なかったのです（この作品は賢治が亡くなった翌年の昭和9年（1934年）に発表されました）。いや、当時はすでに近代の問い直しと超克が大きな問題として浮上していたのです。

しかし、私としては狐のポケットの中の「かもがやの穂」に目が釘付けになってしまいます。近代化は野の草を土台にしなければ咲かすことはできなかったのではないか。なぜなら、かもがやの穂をポケットに潜ませないと、樺の木とデートできなかった狐の土台は決して近代化されていなかったのではないでしょうか。農業の場合は、外発的な近代化であっても、その土台は近代化される前の豊かな世界にあったのではないでしょうか。だから近代化はある程度成功したのではないでしょうか。私は次第にそう考えるようになったのです。このように近代化とは受容する側に（反発する側にも）大きな傷を残して進展したことを、今一度ふり返っておきたいのです。その見たくもない傷を見ようというのが、現代の近代化を問うことなのです。辛い営為なのです。

宮沢賢治賞を受賞していて「土神と狐」の画本も出している小林敏也さんの話によると、このかもがやは穂が鴨の脚に似ているから名づけられたのだそうです。つまり狐は、鴨を食べるかわりにこの穂を食べていたベジタリアンだったというのです。決して見かけのように、ハイカラな近代化主義者ではなかったのです。土神と同じように近代化に憧れていた伝統主義者だったのです。それを土神が知っておれば、なおさら二人は反目せずに、手を取り合えたかもしれません。

農業の近代化が遅れたのは、当然です。その理由はこれまでにしっかり語ってきました。極言すれば、近代化できない世界をいっぱい抱えていたからです。はっきり言えば、近代化してはならない世界が多かったからです。その最たるものは、自然に働きかける仕事と暮らしは、長い間、近代化になじまなかったからです。ところが、本気で農業は遅れていると考えた人間も少なくありませんでした。とくに農業の外部に出た農業関係者にそういう人が多かったのは象徴的です。

「母の曲がった腰を見て育った私は、農業の近代化こそが、母の労苦に報いる道だと思ったのである」というパターンが、百姓を継がなかった農業関係者の近代化擁護の典型です。これこそ、一見内発的な装いを凝らしながらも、見事に外発的な近代化主義者の姿なのです。腰の曲がった母に問うべきではなかったでしょうか。「腰が曲がったことによって、あなたの人生はどれほど惨めなものになったのか」と。母は笑って言うだろう。「仕事は辛かったけど、家族一緒に働いて暮らしてきた一生はいいものだった」。そして、静かに付け加えるでしょう。「それよりも、跡継ぎは都会に出て行って、寂しい村になってしまったことの方が気になる」と。

腰が曲がっても、家族一緒に働き暮らした人生の方が、腰はまっすぐでも一人で暮らすことよりも楽しいものだと、どうして思えなかったのでしょうか。それが外発的な近代化の一番怖いところだったのです。

帝力我において何かあらんや

私の好きな鼓腹撃壌歌という古代中国の歌があります。

日出《い》でて作り、
日入りて息《いこ》ふ。

井を鑿《うが》ちて飲み、
田を耕して食らふ。
帝力我において何かあらんや。

皇帝の堯がある村を通りかかったら、百姓が腹鼓《はらづつみ》を打ちながら、この歌を歌っているのが聞こえました。百姓の歌の結論は、「私は皇帝の力を何も借りていない。皇帝の力は私には無用だ」ということです。皇帝から見れば、皇帝の政治の力を感じさせないほどの良政だということでもあり、百姓の方から見れば、百姓は自立して生きていけるのだという自負を表しているのでしょう。

かつては、これが百姓の生き方ではなかったでしょうか。しかし、今日ではこうはいかないかもしれません。何しろ今日の「帝力」とは国民国家の政権にあたるものでしょうが、経済成長至上という精神を国民と共有し、百姓をもそちらへ導こうとしています。じつは帝力こそが「経済」のしもべになっているのではないかと思えるほどです。そして「帝力我において何かあらんや」と言っているTPP反対論者の百姓の精神も、すでに「経済」に蝕まれているとすれば、「経済成長、我において何かあらんや」という世界を本気で探すしかないでしょう。

15 章

ささやかでゆっくりした農本的な生き方

ささやかで、ありふれた人生の中でも、きっぱりと示せるものがあります。もちろん注目されることはないかもしれませんが、それは生き方の確実な一部で、細部です。それこそが未来の百姓の情念の母体となるものでしょう。最後の章で、それに触れてみます。

わが家の田んぼのはざ架け

時代の価値観に左右されずに抱きしめるもの

かつてユートピアとは未来に出現するものとして、夢見られていました。ところが、現代ではほんとうの豊かさをとりもどす思想と行動は、ことごとく近代化される前の時代をモデルとするような印象があります。たとえば、有機農業への期待は、安全な食べものを供給する機能よりも、自然との関係を大切にしながら、経済効率に背を向けた生き方への憧れが土台にあると思われます。

この場合の安全な食べものとはまだ近代的な価値ですが、自然を守る生き方は近代化される前の農業への回帰のように見えます。しかしそうではなく、一旦近代化を経て、その反省に立っての、未来の生き方なのです。近代化思想を支えてきた経済効率を追求するのはほどほどにしようという新しい思想が生み出したものです。近代化される前に似てしまうのは当然なのです。

したがって、ユートピアよりも桃源郷・アルカディアがよく見え始めたのです。この考え方は、過去を見つめるまなざしに大きな変化をもたらしました。前近代の豊饒さが見え始めたのです。

石牟礼道子の『苦界浄土』を大学生のときに読んだ感動を今でも忘れることはありません。先年その三部作がやっと完成しました。そのとき「日本農業新聞」に書いた書評の全文です。

なぜ、こんなに幾度も涙があふれるのか。水俣病の悲惨さにではなく、患者たちのタマシイの深さに、揺すぶられてしまう。「あねさん、魚は天のくれらすもんでござす。天のくれらすもんを、ただで、わが要ると思うしことって、その日を暮らす。これより上の栄華がどこにゆけばあろうかい。」こういう暮らしが、有機水銀の垂れ流しで壊れていったのだ。

「嫁に来て三年もたたんうちに、こげな奇病になってしもうた。うちゃもういっぺん元の体に戻してもろて、自分で船漕いで働こうごたる。海の上はほんによかった。」男も女も、働くさまが、ほんとうにいとおしく語られる。日本の文学でこれほどうるわしく、漁師や百姓の仕事ぶりが語られることはなかった。それは、私たちのまなざしがすっかり近代化され、百姓仕事も「労働」に成り下がったからだ。

石牟礼道子のまなざしは、断固としてタマシイの近代化を拒否している。このあねさんの覚悟は尋常ではない。死にゆく患者の「決して往生できない魂魄は、この日から全部わたくしの中に移り住んだ。」と言い、「近代への呪術師とならねばならぬ。」と決意する。だから描写は限りなくうつくしい。

それにしても、私たちはこの濃密なタマシイの世界から、何と遠くに来てしまったものか。もうこれからの文学は、こうした漁師や百姓の、海や山や野と、生きものとの豊饒な関係を語ることはできないのではないだろうか。

チッソ水俣工場は、硫安や塩化ビニールを生産し、日本農業の近代化を支え続けた。日本の百姓は、水俣病と無縁ではありえない。私たちが得た贅沢は、水俣病の地獄の上に咲いたものだということを、忘れないためにも、「苦界浄土」三部作がある。とくに若い百姓に、この近代化される前のタマシイの深さに触れてほしい。

残念ながらこれからのつつましくゆっくりした生き方には「覚悟」がいるのです。その覚悟とは何でしょうか。たぶん自分の中の近代的な欲望を手なずける覚悟でしょう。近代化はそういう宿命をもたらしてしまったのです。その責任は、若い世代にはありません。すべて私たち団塊の世代とそれより上の世代にあるのです。その見本を示せなかった私たちにあるのです。

空を見るとき、水の中を見るとき、足元を見るとき

7月に四国のある村を訪れました。村への道は夏の田んぼの中を通っています。背丈を越す

葦が生い茂る道は異形で、ほんとうにここがもとは田んぼだったのか、この先に村がほんとうにあるのか、不安に襲われました。

ところがやっと田植えされた空間が開けると、ほんとうにほっとしました。もちろんもとは一面の田んぼだったのです。今では一面の葦原で、一部に田んぼが閉じこめられたように隠れているのです。涙をこぼさなければ歩けない道でした。

途中で草刈りしていた年寄りの百姓に声をかけました。5反ほどをかろうじて田植えしていると話してくれました。「この葦原をどうにかしようと考えないのですか」とおそるおそる無礼にも問うてみました。百姓は私の顔を見て、たぶん不愉快な気持ちを抑えて言ったのです。「せめて、この5反を耕す以外に何ができると言うのか」彼にとって、この葦中の5反を田んぼであり続けさせることが、最大の村への貢献であり、葦への防御であり、この世の現実への抵抗であり、先祖へのお詫びであり、未来への期待なのです。

程度の違いはあっても、こういう百姓の人生が、この国のほとんどの村と野辺で、実行されています。ここには、ナショナルな価値が救えなかったものを、個人の人生がささやかに支えている現象が厳然としてあると言うべきです。それも「あと、何年続くのかわからんが、死ぬまで田をつくり続けるよ」というその百姓の気概と情念で、かろうじて崩壊を免れている風景に、私はふたたび心の中で涙するしかありませんでした。

空を見るときに、そこにある開けた空はもともとある空ではありません。田んぼを開いたから、田植えをしているから、見える空なのです。水の中のゲンゴロウを見るときに、そこにある水とゲンゴロウは、もともとある水でもゲンゴロウでもありません。田んぼを開いたからこそ、川から引いてきたからこそ手ですくえて感じる水なのです。足元の畦道を歩くときに、そこに伸びている道はもともとあったものではありません。田んぼを開いたからこそ、生まれた道なのです。その道ができたから、今まで見なかった世界が見えはじめ、今まで通わなかった世界に毎日通うようになったのです。

在所で生きること

在所で生きることは「引き受ける」ことだと思います。多くの山村では、平坦な場所は田んぼや畑にし、人は斜面に家を建てて暮らしてきました。崩れやすく危険な場所に人間は住み、安全な日当たりのいい場所は稲などの作物に譲ったのです。これを食料が大切だったからだという説明で納得してはいけません。それでは、その食料は人間のために栽培したのではないか、と反論されたら答えられません。

もちろん人の命よりも作物の命を大切にしていたというのではないでしょう。私の答えは、人間は他の生きものよりも、とくに植物・作物よりも世界を引き受けることができるからだと思います。この引き受けることの優しさが人間らしいということかもしれません。私の家は山肌の北向き斜面に建ててあるので、冬になると午前11時過ぎにならないと、日が射してきません。川の向こうの南斜面に建っている家はいいなあと思うときもありますが、取り替えようとは思いません。

引き受けるからこそ、悔やまずに済むのです。「夏はうちの方が涼しい」と余裕も出て楽しめるのです。同じように水はけの良すぎる田んぼは干ばつのときには、すぐに水不足になり、肥料分もすぐ逃げてしまい地力が痩せていますが、落水すればすぐに田んぼが乾き、仕事もしやすく、裏作はよくできます。逆に湿田は、仕事がしにくいのですが、肥料の持ちが良く、赤蛙などが産卵してくれます。

このように引き受ける気持ちはどうして生まれるのでしょうか。田畑などは、それなりに手入れして情愛が生まれていることもありますが、村で暮らすことは、そこに生の根が生えてしまうからではないでしょうか。まるで植物のように根を張って、自分の世界を形成しているので、逃げることができなくなっています。

根を生やしてしまうと、むしろそこにしか住めないことの喜びを見出すことができます。近所の風がよく当たる家の人と話していたら、「昨日から、待っていた風が吹き始めた。この風で稲がよく乾くんだ」と言います。風に敏感になると風を待ちわびるようになるのです。

生き方を問う生き方

復活する兆しがほんの少しだけ見えますが、私は農本主義者になりたいと思っています。昭和初期にかなりの影響力をもった農本主義者の思想は、その後戦争に利用され、戦後は農業の近代化に対抗できずに、今では見る影もありません。しかしかつての農本主義者に共通する思いは、「百姓仕事」への限りない傾倒と没入によって、人間らしい生き方を追究したことです。戦後も生き延びた数少ない農本主義者である一人の百姓を紹介しましょう。

松田喜一さんは明治20年（１８８７年）熊本県松橋町に生まれ、昭和43年（１９６８年）に80歳で亡くなりました。彼の私塾「松田農場」は、かつて九州でその存在を知らない百姓はいないとも言われたほど有名な私学校でした。卒業生２万人、２泊３日の短期講習会には多いときには６０００人が集まるほどの「農本主義塾」に育て上げ、昭和43年まで続いたのです。私は農場の納屋の屋根の上にまでびっしり並んだ受講生の写真を見て圧倒されたことがありました。

松田さんは主著『農魂と農法・農魂の巻』（１９４６年）で、くり返し説いています。「農業を好きで楽しむ人間になれ」と。その極意は「農作物が図抜けてよくできつつある。朝起きるとすぐに見に行く。今しがた見たばかりである。一時間や二時間の間にそう変わるものではないことは知りつつも、見に行く。夕方はいよいよ廻り道までして見に行く。このように農作物から魂を奪われ、朝は寝て居れないから早く起き、昼は暇がおしくて遊んで居れないから働く、どこに朝起きが辛いか、何処に働きが苦痛か、これらはみな目的物から心を奪われ、己を忘れて、相手本意になっておればこそである。これが『忘我育成』の『農魂』である」

この百姓仕事への没入の楽しさを、つまり「忘我」の心境を、戦後の農業教育は伝えなくなっていきます。まさに「精神論」を語る指導者が少なくなっていた時代に、松田喜一は屹立した存在だったのです。ここにこそ、農本主義がたどり着いた魅力的な「原理」があります。松田は昭和42年（1967年）に出版した『農業を好きで楽む人間になる極意』でさらに言葉を重ねてこう言っています。

「農業者として、何よりも大切なことは、『農業を好きで楽しむ人間になること』であります。これは今も昔も変わりませんが、今の時代では特に、この魂が必要になってきました。昔と違って、右も左も給料取りばかりで、骨折らずに派手な生活してみせるものが多くなり、その上引き手あまたで、学生の時代から給料取りに誘われつつあります。」「いくら、秀でた学理や機械化農業の道が開けても、また所得を増し、生活水準を引き上げてもらっても、この滔々たる世流の誘惑には、百姓嫌いになるのが人間であります」「百姓を好きで楽しむ人間になれば、一切百姓の辛さが無くなり、仕事が道楽になるのであります。働きが道楽なら、『労働時間の短縮』が大迷惑、ことに『いかなる慰安娯楽よりも百姓が楽しみ』の人間には、日曜も祝日も通用しません。」

これが松田喜一の、昭和10年代から40年代までの一貫した主張でした。しかし、「農業を好きで楽しむ」ことを趣味的な農業だとして軽視するようになったのは、これまでも説明したように、仕事を労働に変え、その時間あたりの所得で計るようになったからです。経済に対抗してきた仕事の楽しみや生き甲斐は、経済価値を生み出す喜びに敗北するようになります。そして労働は稼ぎとなりはて、人生の楽しみは余暇の時間に追いやられていきます。

しかし、もう一度経済に仕事の楽しみで対抗できないでしょうか。農本主義とは、農業は特別だという主張です。農業には他の産業にはない特別の価値があるという「原理主義」です。その原理とは他人に強制するものではありませんが、他人に無視させてはならないものです。とくに経済に対しては、断固として農の原理の方を上位に置くように要求するものです。私があえて農本主義に付け加えるもう一つの原理は、百姓仕事を好きで楽しまなければ、自然が荒れてしまうということです。生きものの声が聞こえるためには、経済という雑音を消し去らねばなりません。

さて現在では、農だけは特別な価値があるという主張は通用するでしょうか。かつての農本主義者は食料のほかに、自然に働きかける百姓仕事の喜びで、経済万能主義に対抗できると考えていました。

「しかし、それは個人的な満足でしょう」と受けとられるでしょう。ここからが新しい農本主義の理論が必要になるのです。その「私的」な百姓仕事が、自然に代表されるカネにならない「公的」なものを支えていること、しかも無償で提供し続けていることを言い立てるのです。

原理主義とは、近代化に対抗する思想です。近代化はかつては進歩を牽引しました。しかし現代では、経済（カネ）は暴力で、私たちの大事なものを踏みにじっています。それに対抗する「原理」があってもいいでしょう。たしかに原理主義者は、独善的で他人の言うことに聞く耳を持たない印象が強いのは困りものです。

しかし、ここまで経済価値がはびこると、農本主義者のとる道は一つしか残されていません。自分の生き方として、経済の犠牲になって滅んでいくものに寄り添って、カネにならない価値を抱きしめて生きていく、その生き方で示すしかないのです。これを私は「新しい農本主義」と呼んでいます。

まともな「原理主義」の簡単な見分け方を教えましょう。①近代化思想に異を唱えていること。②その「原理」を自分の生き方の中心に据えていること。③その原理のためには、自己犠牲も厭わないこと。

①カネ万能の世の中に嫌悪感を覚え、②農を人生の中心に据え、③効率が悪くても、所得が低くても、静かに田舎で生きていく百姓は、農本主義者と言えるのではないでしょうか。

現代では、百姓を継ぐ人たち、新しく百姓になった人たちの多くは、カネもうけを目指してはいません。何を百姓暮らしに求めているのでしょうか。カネにならない世界の豊かさです。それは百姓仕事からもたらされます。生き甲斐も、地域の土台も、生きものへの深いまなざしも、そして在所の価値にしてナショナルな価値である自然も、百姓仕事から生み出されているのです。

なぜそうなるのでしょうか。農とは、自然との関係を「自給」しているからです。時を忘れて、百姓仕事に没頭するのは、カネのためではないでしょう。そういう世界に誘われてしまうのです。「私」とか「公」とかを超えた、経済とか非経済とかを超えた生き方としての「たおやかな農本主義」が、新生していくことを私は心から願っています。

時を超える

私が大好きな村上鬼城の句があります。

生き代はり　死に代はりして　打つ田かな

田んぼは造成すれば田んぼになるわけではありません。その田んぼを未来の子孫に贈ろうとする気持ちがなければ、あんなに労力を惜しまずに開田し、そして土を肥やし、少しでもいい田んぼにしようとするはずがありません。この田んぼを100年後も孫が、500年後も子孫が耕し続けてくれると思うからこそ、自分の代には花咲かない仕事もやるのです。

新潟県の亀田郷に行ったときに、驚くようなことを聞きました。あの地域の田んぼの多くが沼の水を抜いて干拓されているのです。それも強力なポンプが普及する前は、沼の水の下の田んぼに舟で出かけ、水の下の田んぼに降りて、腰まで使って田植えをし、稲刈りをしていたのだそうです。そして冬になれば、舟で土を運んで、自分の田んぼの上に来ると、土を水の上から投げ落として、少しでも水面下の田んぼが高くなるようにしていたというのです。

もちろん山の斜面に田んぼを開くのも簡単ではありませんが、さらに時間をかけて、沼の下の田んぼは少しずつ水面上に姿を現すようになっていったのです。こういう百姓仕事の情念とはどこから生まれてくるのでしょうか。もちろん食料を手にしたいという願望は強かったと思います。

先日読んだ雑誌の一部です。「コストを考えてこそ、大震災からの復興に成功することができる。仙台湾で津波の大きな被害を受けたのは湾に面した若林区だが、そこは水田と住宅が入り混じる地域だ。水田は塩抜きするには大変な費用がかかるらしいので、被災農家は国の援助を求めている。一方津波で家を失い、地盤沈下で住めなくなった人々もいる。塩抜きよりも宅地転用して、住めなくなった土地の人が住めるようにすれば、ずっと安くすむだろう」。もと政府の高級官僚だった人の主張です。なぜこういう言い分が醜悪に感じるのかははっきりしています。時を超えて引き継ぐ世界の豊かさを、当代のカネ（彼の言うコスト）で計っているからです。数百年かけて、豊かにしてきた田んぼの土が津波をかぶってしまったのです。完全な塩抜きには数年かかるでしょうが、だからといって数百年の蓄積を放棄できるほど、田んぼに込められた百姓の情愛は薄くはないのです。

今度の東日本大震災で家を失った人がこう言っていたのが心に残っています。津波でわが家が跡形もなくなった場所で、がれきの上で雀が鳴いていたそうです。「そうか、おまえたちも人間の家がないと巣がつくれないのか」と思ったそうです。こういう大惨事のときでも、人間のまなざしがこういう生きものに注がれているのです。雀なんて、どこにもいる何の価値もない生きものではなくて、そこにいつもあたりまえにいる同じ世界の生きもの同士なのです。

また雀や燕が家に巣をかけるようになることが、ほんとうの復興なのではないでしょうか。しかし、とかく経済的な復興だけが公的には議論されるのが現代ニッポンの現実でもあるのです。この哀しみを「共苦」にして、私たちはどうしたら生きものたちと共有できるようになるのでしょうか。内からの世界認識に戻ることだと思います。生きとし生けるものへの情愛と共感を取り戻すのです。それには生きものを殺しているという実感を取り戻し、それでも生きものによって助けられ、救われているという安堵を期待することです。

良寛の辞世の歌を思い出します。

形見とて　何か残さむ　春は花　山ほととぎす　秋はもみじ葉

田舎の百姓に引きつけて解釈するなら、百姓仕事が生み出してきた生きものの生のくり返し、つまり四季（自然）が死後も続くように残していくなら何の心残りがあろうか、と良寛は言い残したのでしょう。これは生きものとの関係が深く強いから言えるのです。内側でともに生きていたからです。

このように百姓は（人間は）自然の内側にともに生きておればこそ、安堵が得られ、死も引き受けられるのではないでしょうか。

時を超えて流れ、引き継いできたこのような情念というものがあります。もしこれがなければ、歴史は空っぽのものになるでしょう。目の前の風景は殺伐としたものになるでしょう。

ささやかな情感を抱きしめる

この本を書き終えようとしています。田んぼからの帰り道、近くの山からでしょうか落ち葉がひとひら舞って目の前に落ちました。決して色鮮やかな紅葉ではありませんでしたが、枯れ落ち、朽ちていく前の最期の生が足元にあります。この葉っぱは木の一部でしょうか。それとも木の葉自身が一つの生だったのでしょうか。ふとそう思いました。生を深く見つめると全体が見えなくなります。それでいいのではないでしょうか。一枚の葉に春から秋までの生が見えます。萌えて来ない前の冬までも見えます。

生は細部に宿ります。その細部の一つ一つがつながって、全体が形を現します。葉の一枚を見つめていると、木全体は見えません。しかし、木の命の一つが消えていくときのぬくもりが見えます。そのことの大切さが忘れられようとしています。たぶん木はその一枚の葉を見送ろうとしているのでしょう。あの葉も、その葉も、この葉も、自分の体だった生を見送ろうとしています。こうした死がくり返されないと、木は大きくなることができないのです。だからこそ、木は言いたいのではないでしょうか。「私のことはいいのです。今はこの足元の黄色く痛んだ葉を見送ってほしい」と。

田舎にいると、国全体が見えません。それでいいのではないでしょうか。しかし、国家には言ってほしい気がします。また国家には言っておかなければなりません。小さな葉が大樹を支えているように、小さな村のささやかな生が国家を支えているのだ、と。

あとがき

この本はもともと、当時京都学園大学に在籍されていた石田紀郎さんから、人間環境大学、鳥取環境大学、豊橋技術科学大学の講義のために執筆を頼まれ、四大学の学生が使うテキストとして作成したものです。今回、創森社の相場博也さんの依頼により、一般の方々の目に触れるように公刊するにあたって、大幅に加筆修正をしました。

百姓仕事の合間に集中講義で、学生たちに話をしてきましたが、意外だったのは、学生たちが「農本主義」を新鮮に感じ、共感する者も少なくないことでした。農は経済でとらえるよりも、感覚や、感性や、情愛でとらえるほうが、豊かにつかみ、伝えることができるのではないでしょうか。それは、これまでの科学や農学では手に負えない方法です。

農は、人間の情愛のふるさとです。ところが現代社会では、農の土台・母体・本質が行方不明になっていると思うときがよくあります。それをつかむ〝まなざし〟が身についていない人が多いからでしょう。農の核となるものへの〝まなざし〟を身につけることがこの本で、少しでも達成されるなら、うれしい限りです。

この本を手にとってくれたあなたに、そして石田さん、相場さんをはじめとする編集関係のみなさん、そしていつも私の本に絵を描いてくれる小林敏也さんに感謝します。

著者

益鳥として親しまれてきたツバメ

●

デザイン――寺田有恒
ビレッジ・ハウス
イラストレーション――小林敏也
写真――宇根 豊
写真協力――大村 茂
安田一臣
校正――吉田 仁

著者プロフィール

●宇根 豊（うね ゆたか）

1950年長崎県島原市生まれ。福岡県農業改良普及員時代の1978年に減農薬稲作運動を提唱。虫見板を普及させ、IPM（総合防除）の百姓的な換骨奪胎に成功。ただの虫という概念は生物多様性の扉をひらいた。1989年に新規参入で就農。2000年福岡県を退職して、NPO法人 農と自然の研究所を設立し代表理事に就任。この研究所は、2006年第7回明日への環境賞、2009年第1回生物多様性アワード受賞。2010年4月に10年の使命を終えて解散。農学博士。

主な著書に『虫見板で豊かな田んぼへ』（創森社）、『風景は百姓仕事がつくる』（築地書館）、『天地有情の農学』（コモンズ）、『田んぼの学校・入学編』『百姓学宣言』（ともに農文協）、『農は過去と未来をつなぐ』（岩波書店）、『農と自然の復興』（創森社）などがある。

農本主義《のうほんしゅぎ》へのいざない

2014年7月23日 第1刷発行

著　　者——宇根《うね》 豊《ゆたか》

発 行 者——相場博也

発 行 所——株式会社 創森社

〒162-0805 東京都新宿区矢来町96-4

TEL 03-5228-2270 FAX 03-5228-2410

http://www.soshinsha-pub.com

振替00160-7-770406

組　　版——有限会社 天龍社

印刷製本——精文堂印刷株式会社

落丁・乱丁本はおとりかえします。定価は表紙カバーに表示してあります。

Printed in Japan ISBN978-4-88340-290-8 C0061